Serviceroboter

Springer

*Berlin*
*Heidelberg*
*New York*
*Barcelona*
*Budapest*
*Hongkong*
*London*
*Mailand*
*Paris*
*Santa Clara*
*Singapur*
*Tokio*

# Rolf Dieter Schraft
# Hansjörg Volz

# Serviceroboter

## Innovative Technik in Dienstleistung und Versorgung

Mit 108 Abbildungen

Springer

Professor Dr.-Ing. Rolf Dieter Schraft
Dipl.-Ing. Hansjörg Volz
Fraunhofer-Institut für Produktionstechnik
und Automatisierung (IPA)
Nobelstraße 12
70569 Stuttgart

ISBN-13: 978-3-642-79810-8     e-ISBN-13: 978-3-642-79809-2
DOI: 10.1007/978-3-642-79809-2

Die Deutsche Bibliothek – Cip-Einheitsaufnahme

Schraft, Rolf Dieter:
Serviceroboter : Innovative Technik in Dienstleistung und Versorgung /
Rolf Dieter Schraft ; Hansjörg Volz. - Berlin ; Heidelberg ; New York ;
Barcelona ; Budapest ; Hong Kong ; London ; Mailand ; Paris ; Tokyo :
Springer, 1996
NE: Volz, Hansjörg:





Satz: Reproduktionsfertige Vorlage der Autoren
SPIN: 10501545     62/3020 - 5 4 3 2 1 0 - Gedruckt auf säurefreiem Papier

# Vorwort

Die Entwicklungen auf dem Gebiet der Serviceroboter schreiten rasch voran. Täglich werden weltweit neue Lösungen bekannt, die alle weit über das beim Industrieroboter übliche Maß in direkten Kontakt mit dem Menschen treten.

Gerade der direkte Kontakt von Servicerobotern mit dem Menschen und die Tatsache, daß diese Geräte in unserem Lebensraum arbeiten, dürfte ein Grund für das starke öffentliche Interesse an Servicerobotern sein. Die Bereitschaft der Menschen mit modernstern Techniken zu arbeiten, hat in den vergangenen Jahren in der Bundesrepublik Deutschland deutlich zugenommen.

Die große Resonanz auf die von uns durchgeführte Serviceroboterstudie und den Messestand "Zukunftsmarkt Serviceroboter" anläßlich der Hannover Messe '94 hat uns ermutigt, in dem vorliegenden Buch eine Reihe von bereits existierenden Servicerobotern vorzustellen und darüber hinaus mögliche Serviceroboteranwendungen der Zukunft anzudiskutieren.

Das Buch soll potentiellen Anwendern von Servicerobotern einen Überblick des Möglichen geben und so zu einer weiteren Verbreitung dieser neuen Technik beitragen. Serviceroboter werden helfen, das hohe Niveau unserer Infrastruktur mit vertretbaren Kosten zu erhalten. Für unsere Industrie ergibt sich die Chance, mit neuen Produkten auf dem Weltmarkt vertreten zu sein.

An der Erstellung dieses Buches haben eine Reihe von Mitarbeitern des Fraunhofer-Institutes für Produktionstechnik und Automatisierung mitgewirkt. Besonders erwähnt seien die Herren Baum, Engeln, Hägele, Kelterer, Luz, Müller, Nicolaisen, Schaeffer und Wolf. Für das außerordentliche Engagement bei der inhaltlichen Diskussion und der Gestaltung von Text und Bild möchten wir Frau Ingeborg Bosch und Herrn Erwin Schober recht herzlich danken.

Dem Springer-Verlag sind wir dafür dankbar, daß er das Manuskript aufgenommen hat. Wir hoffen auf eine gute Resonanz beim Leser, sei es als interessierter Laie zur Information, als Dienstleister oder als Gerätehersteller zur Anregung für die eigene Arbeit.

Rolf Dieter Schraft, Hansjörg Volz       Stuttgart, im Juli 1995

# Inhaltsverzeichnis

# 1   Zu diesem Buch

Der Dienstleistungsbereich gewinnt in sämtlichen Industrienationen zunehmend an volkswirtschaftlicher Bedeutung. Gründe hierfür sind nicht zuletzt das von Konzernen im Zuge der Rückbesinnung auf ihr eigentliches Kerngeschäft betriebene Out-Sourcing wie auch die Privatisierung vieler, bislang von öffentlichen Trägern erbrachter Dienstleistungen. Da sich die Dienstanbieter jedoch einer starken Konkurrenz und damit ständig wachsendem Preisdruck ausgesetzt sehen, ergibt sich hieraus der Ruf nach einer Steigerung der Produktivität als betriebliche Notwendigkeit fast zwangsläufig.

Wie schon in den Produktionsbetrieben werden heute auch im Dienstleistungsbereich immer häufiger Roboter eingesetzt, die teil- oder vollautomatisch Dienstleistungen ausführen und dafür sorgen, daß die Kosten der Dienstleistung niedrig und die Qualität hoch bleibt. Diese Serviceroboter unterscheiden sich äußerlich stark voneinander und sind speziell an ihre jeweilige Tätigkeit angepaßt.

Der Einsatz von Servicerobotern bietet sich im wesentlichen für die folgenden Aufgaben an:

- Einfache und monotone Tätigkeiten, die an die Qualifikation der Mitarbeiter wenig Anforderungen stellen,
- Prozesse, welche sich bei möglichst gleichbleibender Qualität häufig wiederholen,
- Aufgaben, welche in gesundheitsschädlichem oder gar gefährlichem Arbeitsumfeld eines hohen Aufwandes an Schutz und Vorsorge bedürfen.

Hier erscheint der Einsatz von Personal häufig zu teuer, bzw. es findet sich am Arbeitsmarkt nicht genügend Personal.

Aus Arbeitnehmersicht sind diese Stellungen in der Regel mit schwerer körperlicher Arbeit sowie gelegentlich mit Beeinträchtigung der Gesundheit verbunden. Darüber hinaus erfolgt eine zumeist schlechtere Entlohnung als dies bei qualifizierten Tätigkeiten der Fall ist.

Experten gehen davon aus, daß schon in wenigen Jahren neben Industrie- und Servicerobotern Geräte im Einsatz sein werden, die direkt einer Person zugeordnet sind - der "Personal Robot". Es ist zu erwarten, daß mit der starken Verbreitung von Servicerobotern der technologische Grundstock für Personal Robots geschaffen und damit für viele Menschen der Traum eines "stählernen Sklaven" zur Wirklichkeit werden kann. Die Anforderungen an die verschiedenen Roboterklassen hinsichtlich Autonomie der Aufgabenausführung und Unstrukturiertheit der Umwelt sind in Bild 1.1 dargestellt.

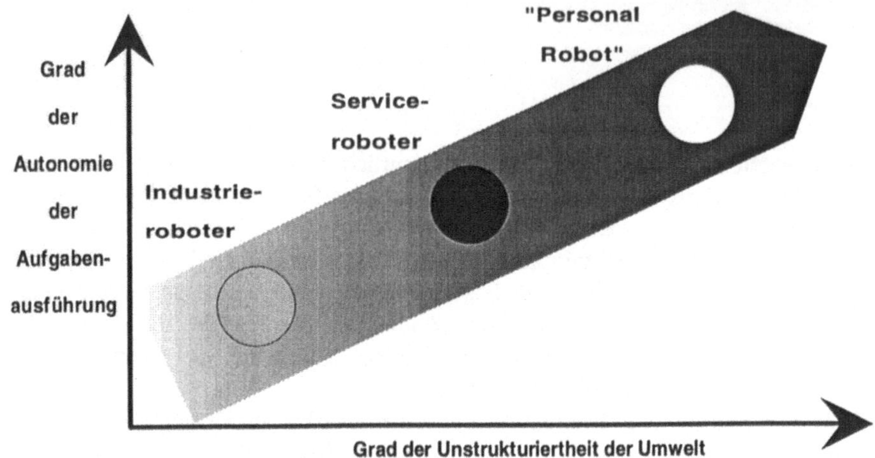


**Bild 1.1:**     Entwicklungstrends bei Robotern

Die Bearbeitung von Werkzeugen und die Formung von Geräten kennzeichnen schon das urgeschichtlich früheste Auftreten menschlicher Intelligenz. Wurden durch Aneinanderschlagen von Geröllsteinen vor über 2 Millionen Jahren noch grobe Hau- und Schabwerkzeuge erstellt, so entwickelten sich nach und nach durch Verschmelzen der technischen Traditionen einzelner Frühkulturen differenzierte Fähigkeiten. Voraussetzung dafür war die Weitergabe erworbener Individualfortschritte. Mit dem ständigen Ausbau kommunikativer Fähigkeiten und einer dauerhaften Dokumentation von Wissen (Sprache, Schrift, Bilder) erfolgte eine sich immer rascher vollziehende gesellschaftliche wie auch technische Entwicklung.

Wurden in der Mittelsteinzeit erste Ansätze von Handel und Verkehr noch mittels Flößen und Kufenschlitten betrieben, so ist in der Jungsteinzeit durch Funde immerhin schon die Existenz von Knüppeldämmen und Bohlenwegen, Scheibenrädern und Fertigkeiten im Bootsbau belegt.

Mit der Entwicklung der orientalischen Hochkulturen fand gleichzeitig eine Differenzierung der Gesellschaft in Berufsgruppen statt: Arbeitsteilige Gewerbe wie Handwerk, Handel, Verteidigung und Verwaltung emanzipierten sich. Durch diese Spezialisierung wurde die Weiterentwicklung technischer Fähigkeiten beschleunigt. Seetüchtige Schiffe wurden auf Kreta um 5000 v. Chr. gebaut, erste Darstellungen eines Pfluges datieren um 3000 v. Chr. (Babylon), älteste Glasfunde um 2500 v. Chr. (Mesopotamien und Ägypten).

Auf die ständige Verfeinerung in immer kürzer werdenden Entwicklungszyklen dieses Potentials in den darauffolgenden Hochkulturen (Griechenland, Rom, China, osmanisches Reich etc.) soll hier nicht eingegangen werden. Festzuhalten ist jedoch, daß - bei allem technischen Fortschritt - die eher unangenehmen und beschwerlichen oder aber als unehrenhaft geltenden Arbeiten allen Sparten der Dienstbarkeit vorbehalten waren. Die Abschaffung von Sklaverei und Leibeigenschaft liegt, gemessen am Gesamtzeitraum menschlicher Entwicklung, erst sehr kurz zurück. Eine Betrachtung der Arbeitsbedingungen bis ins 19. Jahrhundert hinein muß zu dem Schluß führen, daß die Bereitstellung eines menschenwürdigen Arbeitsumfeldes mit der technischen Entwicklung bis dahin nicht Schritt halten konnte (zum Vergleich: James Watt erhielt sein erstes Patent für eine Dampfmaschine im Jahre 1769).

Heute ermöglichen die auf dem Gebiet der Mikroelektronik erzielten Fortschritte die Speicherung von Erfahrungswerten und Verfahrensvorschriften bei immer geringer werdenden Raumbedarf und gleichzeitig wachsendem Leistungsvermögen. Belegten Konrad Zuses erste Ziffernautomaten (ab 1936) noch den einem mittleren Einfamilienhaus entsprechenden Raum, so finden heutige Prozessoren bequem auf der Handfläche eines Kindes Platz. Neben der Miniaturisierung wurde auch die Leistungsfähigkeit der Prozessoren erheblich gesteigert, so daß Aufgaben, welche mit Zuses Maschine mehrere Tage an Rechenzeit beanspruchten, heute in Sekundenbruchteilen erledigt werden.

Die Einbringung dieser Technologie in moderne Fertigungsmethoden und der Einsatz moderner Werkstoffe ermöglichen die Durchführung automatisierter und teilautomatisierter Arbeitsabläufe. Industrieroboter gehören heute zum alltäglichem Erscheinungsbild einer modernen Produktionsstätte. Die hierfür benötigte Gerätetechnik ist verfügbar und unter teilweise härtesten Bedingungen erprobt. Industrieroboter unterstützen hier menschliche Arbeitskraft. Ihr Einsatz hat menschenunwürdige Arbeitsbedingungen, wie sie im Bereich der Massenproduktion von den Anfängen der industriellen Revolution bis noch in unser Jahrhundert vorherrschten, weitestgehend verdrängt.

Die Einführung neuer Technologie erzeugt in vielen Menschen ein gewisses Unbehagen. Im Falle intelligenter, mitunter autonom arbeitender Automaten ist es die Angst, durch den "stählernen Sklaven" ersetzt und mithin arbeitslos zu werden. Eine dem Wandel der Zeit unterliegende Umschichtung von Arbeitsplätzen hat jedoch zu allen Zeiten stattgefunden. Ein modernes Angebot an Dienstleistungen schafft andere, besser qualifizierte Arbeitsplätze. Auf einer Baustelle in Japan sind, im Gegensatz zu hiesigen Gepflogenheiten, auch ältere Arbeitnehmer zu finden, welche, unterstützt von moderner Technik, weniger schwere körperliche Arbeit leisten müssen und ihre Erfahrungen einbringen können. Auch im Freizeitsektor profitiert die Allgemeinheit von einem zunehmenden Angebot an Dienstleistungen. So wurde z. B. durch die Aufstellung von Autowaschanlagen schon vor Jahrzehnten ein neuer Markt erschlossen. Am Rande sei dazu bemerkt, daß durch die hier vorgeschriebene und von behördlicher Seite kontrollierbare Abwasserrückführung bzw. -reinigung eine deutliche Reduzierung der Umweltbelastung erreicht wurde und somit der Allgemeinheit ein weiterer Nutzen entsteht.

Letztendlich ist es für eine nationale Ökonomie wesentlich günstiger, vielversprechende Entwicklungen selbstbestimmend voranzutreiben und die daraus resultierenden Geräte einzusetzen als erneut in einer weiteren Schlüsseltechnologie Marktanteile und den Anschluß an die internationale Konkurrenz zu verlieren. Somit erscheint es als Gebot der Stunde, das in diesem Bereich entwickelte Potential auch dem Dienstleistungssektor zugänglich zu machen.

Die wachsende Bedeutung der Dienstleistungen auf dem Arbeitsmarkt ist in Bild 1.2 veranschaulicht. Ähnlich der Entwicklung bei den Industrierobotern, begünstigt die Tendenz hin zur Dienstleistungsgesellschaft in Verbindung mit den zur Verfügung stehenden Technologien ein enormes Entwicklungspotential für Serviceroboter.

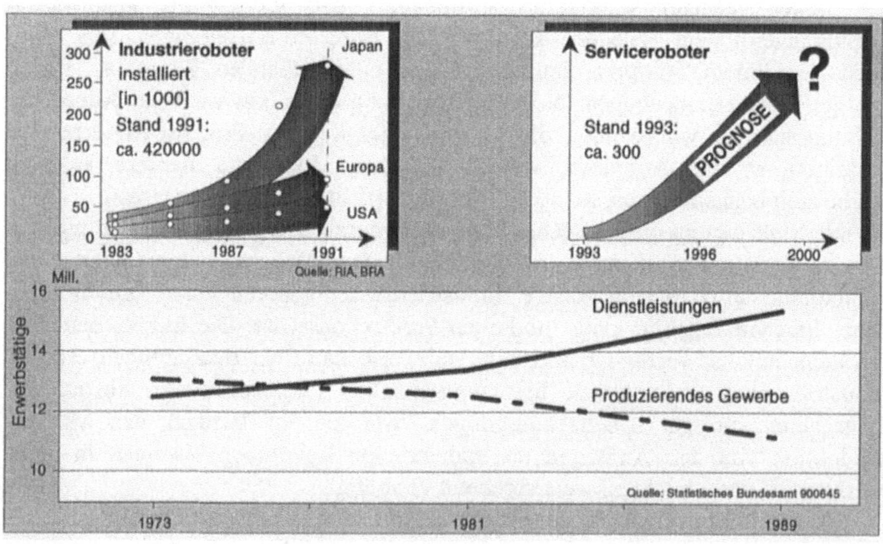


**Bild 1.2:**    Entwicklungspotential Serviceroboter

# 2 Dienstleistung im Wandel

## 2.1 Der Dienstleistungsbegriff

Als erster hat Jean Baptiste Say (1767-1832) den Produktivitätsbegriff entmaterialisiert. Seine Arbeiten zur Fragestellung nach dem Wesen und den Ursachen des Reichtumes führten ihn zu dem Schluß, daß diesem alle Dinge, die einen Wert haben, zuzurechnen sind. Dies schließt auch immaterielle Güter ein, wie z. B. die persönlichen Dienste eines Arztes, eines Anwaltes oder eines Musikers sowie auch Nutzungen von Kapital, Boden, Wohnraum und öffentlichen Gebäuden.

Damit war auch der ökonomische Charakter der immateriellen Güter und Dienstleistungen prinzipiell anerkannt. Allerdings wurden Dienstleistungen noch bis in die erste Hälfte des 20. Jahrhunderts als ein Wirtschaftsbereich minderer Güte betrachtet, was unter Umständen auch auf semantisch erklärbare Phobien zurückzuführen ist. Immerhin ließen sich mit diesem Begriff lange Zeit Vorstellungen der Dienstbarkeit, des Bedienens und der abhängigen Tätigkeiten mit geringem Sozialprestige assoziieren. Neben anderen mag dies einer der Gründe für den offensichtlichen Unwillen, sich mit Dienstleistungen als Forschungsthema intensiv auseinanderzusetzen, sein.

Mithin existiert in der Literatur keine allgemein anerkannte Definition des Terminus *Dienstleistung*. Logischerweise besteht daher in der Literatur auch kein Konsens darüber, welche wirtschaftlichen Bereiche im einzelnen darunter zu subsummieren sind. Diesem Mißstand abzuhelfen kann hier nicht zur Zielsetzung erhoben werden.

Die folgenden Ausführungen sollen lediglich für die Vielschichtigkeit des Begriffes sensibilisieren, um letztlich eine für den Einsatz von Servicerobotern im Dienstleistungsbereich spezifische Erweiterung der bestehenden Definitionen zu finden. Die Vielfalt an Dienstleistungsdefinitionen kann im wesentlichen in drei Kategorien unterteilt werden:

- Explizite Definitionen durch charakteristische Merkmale,
- Aufzählungen aller subsummierbaren Fälle,
- Abgrenzungen der Dienstleistungen gegenüber der Produktion von Sachgütern.

Das zumeist angeführte Wesensmerkmal der Dienstleistungen ist die Immaterialität. Die strenge Anwendung dieses Kriteriums würde jedoch dazu führen, daß die eher materiellen, stoffumwandelnden Aktivitäten eines Chirurgen zur Sachgüterproduktion gerechnet werden müßten, obwohl die ärztliche Tätigkeit schon allein dem gesunden Empfinden nach unter dem Begriff Dienstleistung firmiert. Ähnlich müßte in Fällen verfahren werden, in denen Material zwar verwendet wird, jedoch von untergeordneter Bedeutung ist (z. B. Reparaturleistungen an Geräten).

Als ein weiteres Charakteristikum gilt häufig das räumliche und zeitliche Zusammenfallen von Produktion und Konsum der erbrachten Dienstleistungen; eine Lagerfähigkeit ist nicht gegeben. Spätestens mit der breiten Anwendung neuer Technologien hat auch dieser als uno-actu-Prinzip bezeichnete Sachverhalt seine strenge Gültigkeit verloren, wie am Beispiel des Software-Engeneering oder auch der diversen Informationsdienstleistungen deutlich zu erkennen ist.

Als ein Beispiel für die gleichzeitige praktische Anwendung von enumerativen Definitionen und Residualbestimmungen sei die der amtlichen Statistik der Bundesrepublik Deutschland zugrundeliegende Wirtschaftssystematik genannt. Im Rahmen der volkswirtschaftlichen Gesamtrechnung wird für die Ermittlung der Bruttowertschöpfung eine Einteilung der Wirtschaft in insgesamt zehn Abteilungen vorgenommen. Die hierbei zum produzierenden Bereich gezählten Energie- und Wasserversorgungsunternehmen verstehen sich heute selbst eher als Dienstleister, siehe Bild 2.1.

In dieser Aufzählung wird dem Dienstleistungsbereich all jenes zugeschlagen, was nach seinen überwiegenden Tätigkeitsmerkmalen als weder zur Land- und Forstwirtschaft noch zum produzierenden Gewerbe zugehörig gelten kann. Die gesetzlichen Festlegungen hierfür wurden auf europäischer Basis getroffen. Für nationale Zwecke wurden hinsichtlich der Gliederungstiefe durch das statistische Bundesamt Erweiterungen eingeführt, wobei die tieferen Differenzierungen des Dienstleistungsbereiches nach verschiedenen Wirtschaftszweigsystematiken erfolgen.

Die sektorale Untergliederung der Volkswirtschaft basiert auf Arbeiten von Clark, Fisher und Fourastié. Am Beispiel dieser Systematik kann leicht gezeigt werden, daß die zugrunde liegenden Definitionen weder der rasanten technologischen Entwicklung noch dem Strukturwandel in der Wirtschaft in adäquater Weise Rechnung tragen.

| 0 = | Land- und Forstwirtschaft, Tierhaltung und Fischerei | **Primärer Sektor** |
|---|---|---|
| 1 = | Energiewirtschaft und Wasserversorgung, Bergbau | **Sekundärer Sektor** |
| 2 = | Verarbeitendes Gewerbe | |
| 3 = | Baugewerbe | |
| 4 = | Handel | **Tertiärer Sektor** |
| 5 = | Verkehrs- und Nachrichtenübermittlung | |
| 6 = | Kreditinstitute und Versicherungsgewerbe | |
| 7 = | Dienstleistungen ohne Erwerbscharakter und private Haushalte | |
| 8 = | Organisationen ohne Erwerbscharakter undprivate Haushalte | |
| 9 = | Gebietskörperschaften und Sozialversicherung | |

**Bild 2.1:**    Institutionell ausgerichtete Wirtschaftssystematik

Durch die enge Verflechtung des tertiären Sektors mit den beiden anderen wird eine isolierte Betrachtung zunehmend unmöglich: Verrichtungen, welche ihrem Charakter nach Dienstleistungen sind, werden auch im primären Sektor und insbesondere im Produktionsbereich erbracht. Als Indiz hierfür kann der stürmische Zuwachs im Dienstleistungssektor angesehen werden, der neben der steigenden Nachfrage an Dienstleistungen durch die gegenwärtige Tendenz vieler Industrieunternehmen entsteht, zuvor selbst erbrachte Dienstleistungen organisatorisch und rechtlich auszugliedern. Die früher unternehmensintern im sekundären Sektor erbrachte Wertschöpfung wird nun dem Dienstleistungsbereich zugeordnet. Die Einordnung der Dienstleistung in das klassische Wirtschaftsmodell ist in Bild 2.2 dargestellt.

Somit kann festgestellt werden, daß die bisher für Dienstleistungen verfügbaren begrifflichen Kennzeichnungen mehr oder weniger große Unschärfen aufweisen, wodurch sie je nach Fragestellung weiterer Spezifizierungen bedürfen. Soll ihre Erbringung durch Roboter geschehen, die nach allgemeinem Verständnis so programmierbare Maschinen oder Geräte sind, daß sie bestimmte Aufgaben geregelt durchführen können, liegt es nahe, hierfür tätigkeitsorientierte Merkmale auszuwählen.

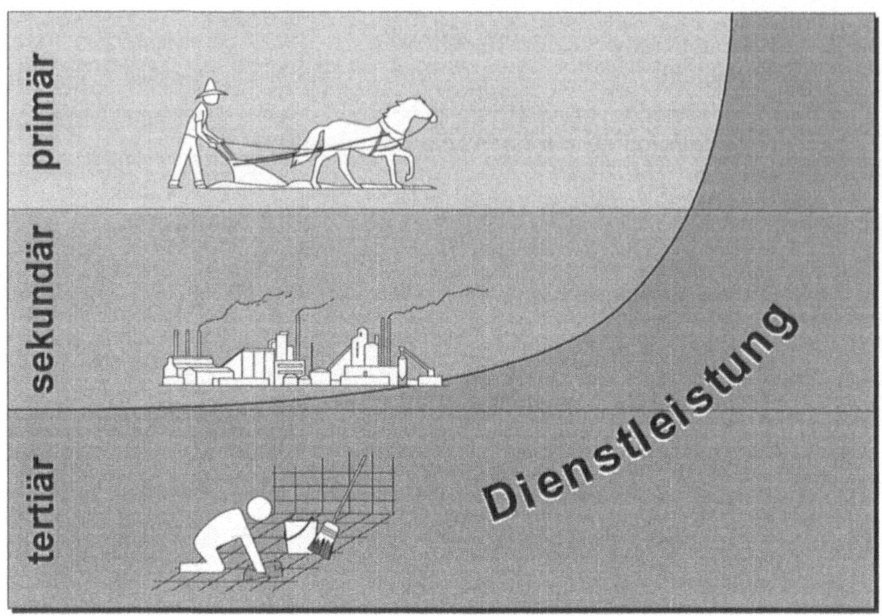


**Bild 2.2:** Einordnen der Dienstleistung in das klassische Wirtschaftsmodell

## 2.2 Der erweiterte Dienstleistungsbegriff

Im Rahmen dieses Buches wird der vom Fraunhofer Institut für Produktionstechnik und Automatisierung eingeführte Dienstleistungsbegriff übernommen:

*Dienstleistungen* sind Tätigkeiten, die nicht der direkten industriellen Erzeugung von Sachgütern, sondern der Verrichtung von Leistungen an Menschen und Einrichtungen dienen. Diese Tätigkeiten führen zu Ergebnissen mit überwiegend immateriellem Charakter.

Wie bereits aufgezeigt sind Dienstleistungen in einer modernen Industriegesellschaft ein Querschnittsthema über alle Wirtschaftszweige. Die automatisierte Dienstleistungserbringung ist schon heute weit verbreitet. Eine Beschränkung auf den tertiären Bereich ist also bei der Betrachtung von Servicerobotern wenig sinnvoll.

Teil- oder vollautomatische Serviceroboter werden üblicherweise für Tätigkeiten mit einem überwiegenden Anteil an Transport-, Handhabungs- und Bearbeitungstätigkeiten eingesetzt.

Bereiche, in denen Serviceroboter eingesetzt werden, sind in Bild 2.3 für die klassischen Dienstleistungsbereiche dargestellt. Insgesamt ergeben sich sechzehn Einzelbereiche. Diese können jedoch aufgrund ähnlicher Sytemanforderungen an die dort verwendeten Serviceroboter weiter zusammengefaßt werden, so daß sich letztendlich acht tätigkeitsorientierte Dienstleistungsbereiche ergeben.

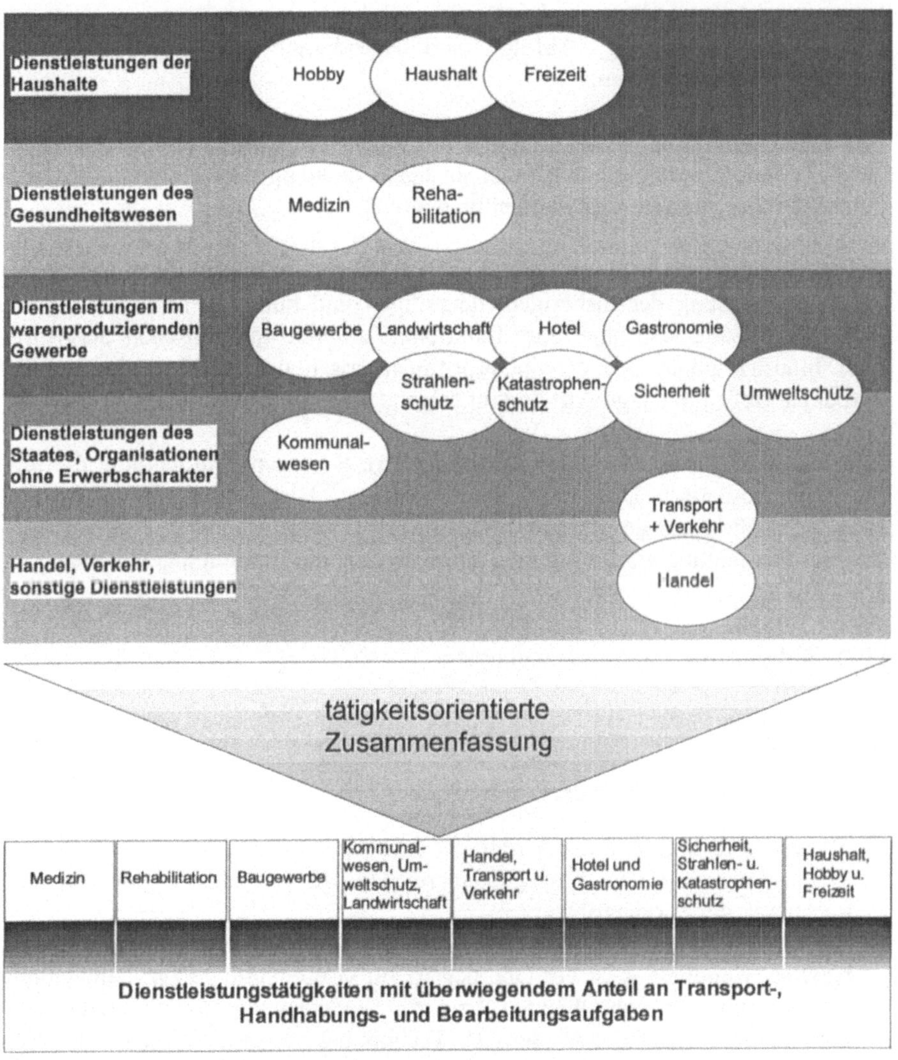


**Bild 2.3:**    Tätigkeitsbezogene Branchengliederung für Serviceroboter

## 2.3   Der Serviceroboter

### 2.3.1   Definition Serviceroboter

Im folgenden sind Servicesysteme als Arbeitssysteme für die Erbringung von Dienstleistungen zu verstehen, wobei die Lenkung der Arbeitsaufgabe bzw. des Prozesses teil- oder vollautomatisiert erfolgt. Dabei bedeutet teilautomatisiert, daß ein Teil der Einleitung, Abfolge und Beendigung von Einzelfunktionen automatisiert erfolgen kann.

*Automatisierung* heißt, einen Vorgang mit technischen Mitteln so einzurichten, daß der Mensch weder ständig noch in einem erzwungenen Rhythmus für den Ablauf des Vorgangs tätig zu werden braucht [1].

Das Fehlen einer eindeutigen Definition des Begriffes Serviceroboter läßt keine präzise Einordnung der bisherigen, derzeitigen und künftigen Entwicklung zu. Nicht immer wird sich eine klare funktionale Abgrenzung zwischen Serviceroboter, Industrieroboter oder Manipulator finden lassen, doch soll hier eine am IPA erarbeitete Definition angeführt und im folgenden verwendet werden:

Ein *Serviceroboter* ist eine freiprogrammierbare Bewegungseinrichtung, die teil- oder vollautomatisch Dienstleistungen verrichtet. Dienstleistungen sind dabei Tätigkeiten, die nicht der direkten industriellen Erzeugung von Sachgütern, sondern der Verrichtung von Leistungen an Menschen und Einrichtungen dienen.

### 2.3.2   Subsysteme von Servicerobotern

Im allgemeinen besteht ein Serviceroboter aus einer mobilen Plattform und/oder einem oder mehreren Anwendungsmodulen.

Unter dem Begriff *Anwendungsmodul* wird hier zusammengefaßt:

- *Handhabungsarm*: Aus der Anzahl der Armelemente, dem Typ (Rotation bzw. Translation) und den Bewegungsbereichen der Gelenke ergibt sich die Kinematik des Serviceroboters.
- *Endeffektoren*: Sie bewirken die Interaktion des Serviceroboters mit der Umwelt. Endeffektor ist der Oberbegriff für Greifersysteme zur Handhabung und Manipulation von Objekten, bzw. für Werkzeuge zur Objektbearbeitung. Dies beinhaltet auch die aus der FTS-Technik bekannten Lastaufnahmemittel.

- *sonstige Anwendungsmodule*: Sie umfassen alle Module, die nicht zur Handhabung und Manipulation von Objekten genutzt werden. Beispiele hierfür sind Überwachungsmodule und Informationssysteme.

Unter *mobiler Plattform* kann jedes System verstanden werden, das entsprechend seiner Konstruktion und Bauweise die Eigenschaft der Mobilität erhalten kann. Dabei kann sowohl das Fahren auf Rädern oder Ketten, das Schweben, Fliegen oder Schwimmen als auch jede andere Art der Fortbewegung zur Anwendung kommen.

Beide Subsysteme nutzen folgende Komponenten:

- *Kommunikation*: Sie umfaßt sowohl die Übermittlung von Informationen zwischen Mensch und Serviceroboter (Mensch-Maschine Schnittstelle) als auch zwischen Serviceroboter und anderen Maschinen (Maschine-Maschine Schnittstelle).
- *Steuerung*: Sie setzt die ihr zur Verfügung stehenden Systemkomponenten entsprechend dem aktuellen Auftrag und dem Zustand des Gesamtsystems so ein, daß ein sicherer und störungsfreier Betrieb erreicht wird. Dies beinhaltet unter anderem die Planung und die Navigation.
- *Sicherheitssystem*: Es umschreibt das Zusammenwirken technischer, organisatorischer und gestalterischer Maßnahmen, um sowohl den sicheren Betrieb als auch die sichere Bedienung des Serviceroboters zu jedem Zeitpunkt, d.h. auch in Gefahrensituationen, zu gewährleisten.
- *Sensorik:* Die Erfassung der inneren Zustände des Servicerobotersystems, der aktuellen Wechselwirkung des Endeffektors mit der Umgebung, und der äußeren Zustände im Einsatzbereich des Servicerobotersystems erfolgt durch Sensoren.
- *Aktorik*: Sie bewirkt die Bewegung der Glieder des Handhabungsarms, bzw. des Endeffektors und der mobilen Plattform.

Das oben beschriebene Referenzmodell eines Serviceroboters ist in Bild 2.4 dargestellt.

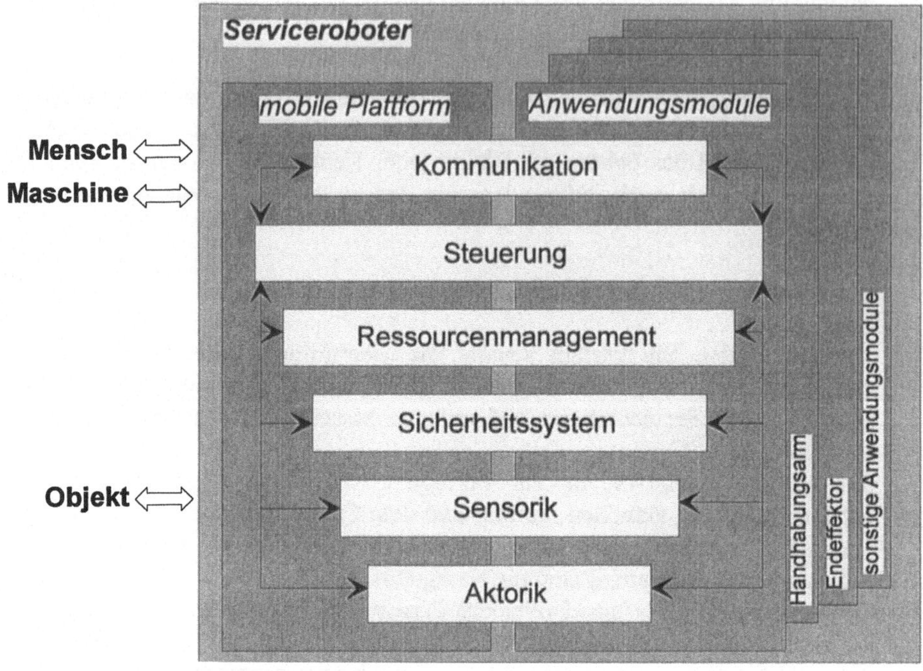


**Bild 2.4:**      Referenzmodell eines Serviceroboters

## 2.4   Herausforderungen im Dienstleistungsbereich

Die starke Konkurrenz im Dienstleistungsbereich zwingt die Dienstleistungs-
erbringer zum einen zu einer konsequenten Ausschöpfung möglicher Rationalisierungspotentiale und zum anderen zu einem immer breiteren Dienstleistungs-
angebot. Gerade bei erwerbswirtschaftlichen Dienstleistungen, die nur wenig
kapitalintensiv sind, herrscht im allgemeinen ein starker Verdrängungswettbe-
werb. Im folgenden sind die wesentlichen Tendenzen kurz dargestellt [2, 3, 4, 5]:

- *Die Tertiärisierung der Wirtschaft:* Dienstleistungen werden immer stärker
  zum integralen Bestandteil aller wirtschaftlichen Aktivitäten. Beispielhaft sei
  die derzeitige Besinnung der Industrieunternehmen auf ihre Kernkompetenzen
  und die damit verbundene "Out-sourcing-Debatte" genannt.

- *Die Informations- und Kommunikationstechnologien:* Zahlreiche Formen heute stark nachgefragter Dienstleistungen sind das Ergebnis technischer Innovationen. Hier ist beispielhaft der "Rund-um-die-Uhr" Service der Banken durch die Einführung des Bankomaten zu nennen.
- *Nachfragesitutation der privaten Haushalte:* Steigende Pro-Kopf-Einkommen und das Streben nach mehr Lebensqualität führen tendenziell zu einer erhöhten Nachfrage nach Dienstleistungen aller Art.
- *Automatisierung der Dienstleistungserbringung*: Nachdem in weiten Bereichen die Rationalisierungspotentiale durch Informations- und Kommunikationstechnologien erschlossen sind, werden zukünftig mit dem Einsatz von Servicerobotern weitere Ratiopotentiale bei Dienstleistungstätigkeiten mit überwiegenden Anteilen an Transport-, Handhabungs- und Bearbeitungsaufgaben erschlossen. Neben dem Zwang zur Rationalisierung ist für diese Entwicklung die Abgrenzung vom Wettbewerber durch den Einsatz von modernsten Technologien und Geräten die Haupttriebfeder. Dies trifft vor allem bei Dienstleistungen zu, die unter Beobachtung durch den Kunden erbracht werden.

Der Einzug neuer Technologien in das Dienstleistungswesen führt im allgemeinen zu Produktivitäts- und Qualitätssteigerungen. Um die Technisierung organisatorisch zu bewältigen, werden sich die Strukturen von Dienstleistungsunternehmen grundlegend verändern. Dies betrifft zumindest tendenziell folgende Aspekte:

- Verbesserung von Fach- und Sozialkompetenz der Mitarbeiter und Führungskräfte,
- Fördern von Teamarbeit, Harmonisierung von Innen- und Außendienst,
- Gezielter Technologieeinsatz zur Unterstützung der Mitarbeiter,
- Strategischer Einsatz von Informations- und Kommunikationstechniken,
- Gezielte Auswertung von Kunden- und Marktdaten,
- Optimierung der Kundenansprache und des Kundeninformations-Managements,
- Optimierung der Kombination aus persönlichen und technisierten Dienstleistungselementen.

Dienstleistungsunternehmen befinden sich im Spannungsfeld zwischen anhaltendem Kostendruck auf der einen Seite und weiteren Forderungen nach Kundendienst und persönlicher Beratung auf der anderen Seite. Eine entscheidende Bedeutung kommt der auf die Kundenerwartung abgestimmten Leistungserstellung zu. Daher wird der Unternehmenserfolg darin bestehen, die persönlichen Kontakte in den kritischen Phasen des Dienstleistungsprozesses gezielt zu intensivieren und alles übrige den Vorteilen einer Automatisierung zugänglich zu machen.

In Bild 2.5 sind die Vor- und Nachteile einer automatisierten Dienstleistungserbringung zusammengestellt.

| Vorteile | Nachteile |
| --- | --- |
| ❏ Reduzierung der Dienstleistungs-kosten | ❏ Kunde verliert das Gefühl der persönlichen Betreuung |
| ❏ Dienstleistung kann industriell orientierte Rationalisierungsmaß-nahmen nutzen (z. B. Massenpro-duktion, Standardisierung) | ❏ Dienstleistung reduziert sich auf sachliche Zweckerfüllung; Be-friedigung sozialer und psycho-logischer Bedürfnisse entfällt |
| ❏ Größere Zuverlässigkeit bei der Erbringung der Dienstleistung | ❏ Wegfall der Individualität und Einmaligkeit der Leistung |
| ❏ Entlastung des Dienstleisters von Routineaufgaben (Reduzierung der Personalbindungszeit) | ❏ Notwendige Lernprozesse und Akzeptanz im Umgang mit Au-tomaten |
| ❏ Wahrung der Diskretion | |
| ❏ Steigerung der Verfügbarkeit der Dienstleistung | |

**Bild 2.5:** Vor- und Nachteile der Automatisierung von Dienstleistungstätigkeiten

## 2.5 Aufzeigen von Rationalisierungsansätzen durch den Einsatz von Servicerobotern

Zur Analyse von Dienstleistungen und Definition von Rationalisierungsansätzen
sind unterschiedliche Vorgehensweisen denkbar. Das folgende Kapitel beschreibt
dabei die Vorgehensweise für den erweiterten Dienstleistungsbereich, wie er
bereits eingeführt wurde.

Für die Analyse von Dienstleistungen ist primär der Begriff der *Dienstlei-
stungstätigkeit* von Interesse. Dieser Begriff zielt auf einzelne Berufe im Dienstleistungsbereich ab. Indikatoren für Berufe sind jeweils charakteristische Kennt-
nisse, Fertigkeiten und Erfahrungen, die für bestimmte Arbeitsverrichtungen nötig
sind, siehe Bild 2.6.

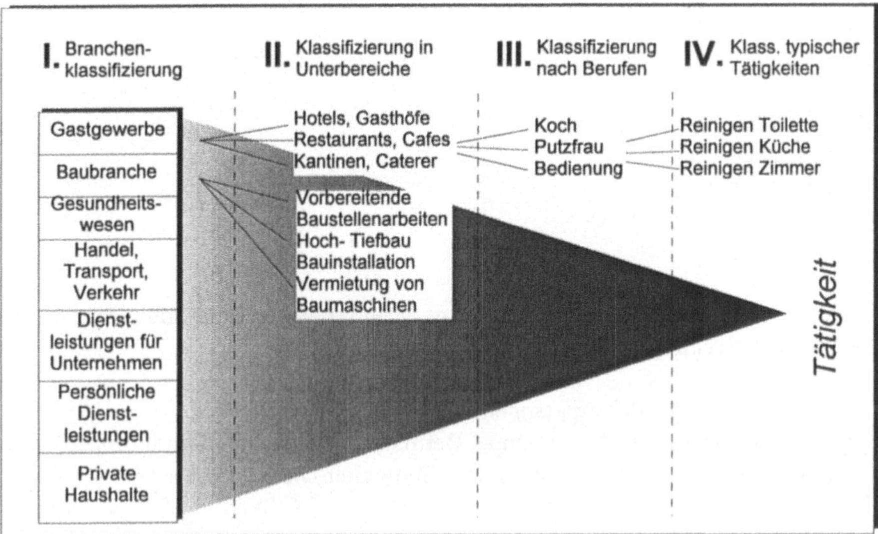



**Bild 2.6:**    Gliederung der Branchen und Auflösungsstufen bei der Analyse

Bei einer Klassifizierung ergibt sich für jede Branche ein unterschiedlicher Glie-
derungsbaum mit verschiedenen Gliederungsebenen. Die Tätigkeiten müssen sich
dabei jedoch nicht grundsätzlich voneinander unterscheiden (z. B. Reinigung,
Wartung, etc.). So lassen sich auf der unteren Klassifizierungsstufe bran-
chenübergreifende Arbeiten finden. Diese Tätigkeiten tragen in der Regel nicht zu
Wertschöpfungsprozessen bei und werden in zunehmenden Maße von den
Unternehmen und Institutionen zu externen Dienstleistern ausgelagert. Ein
wesentliches Element beim Aufspüren von Rationalisierungspotentialen ist es, für
diese Art manueller Verrichtungen und Tätigkeiten technisierte Systeme zu
finden.

Als Untersuchungsbasis dient die bereits vorgestellte Klassifizierung der
Dienstleitungsbereiche, so daß innerhalb dieser Bereiche Daten für Dienstleistungstätigkeiten mit Rationalisierungspotential ermittelt werden können. Zur
Datenermittlung können innerhalb dieser Bereiche zwei grundsätzliche Vorgehensweisen zur Applikationsfindung gewählt werden, siehe Bild 2.7.

In statistisch gut erfaßten Bereichen konnte ein *Top-Down-Ansatz* zur Tätig-
keitsermittlung angewendet werden. Hier wird aufgrund der vorhandenen
Datenbasis zunächst nach interessanten Untergruppen gesucht. Diese wiederum
können in die einzelnen Berufe und schließlich in einzelne Tätigkeiten gegliedert
werden. Durch eine Bewertung der ermittelten Tätigkeiten läßt sich dann die
grundsätzliche Eignung für einen technisierten Ablauf feststellen.

In der Regel wird jedoch der *Bottom-Up-Ansatz* wegen der oft fehlenden Datenbasis angewendet, bei dem mit Hilfe von Expertengesprächen im betrachteten Bereich Rationalisierungspotentiale aufgedeckt werden. Diese lassen sich, wie bei dem Top-Down-Ansatz, anschließend durch eine Bewertungsprozedur prüfen.

Bei der Bewertung werden die Applikationsmöglichkeiten auf

- politische,
- technische,
- wirtschaftliche,
- anbieterspezifische und
- akzeptanzspezifische

Aspekte hin untersucht. Hiermit kann eine grundsätzliche Einordnung der untersuchten Dienstleistung bezüglich ihrer Notwendigkeit aus

- individueller (z. B. Privatpersonen, Firmeninteressen, etc.)
- gruppenbezogener (z. B. Verbände, Berufsgruppen, soziale Randgruppen) und
- gesellschaftlicher (z. B. Kommunen, öffentlicher Dienst, etc.)

Sicht erfolgen.

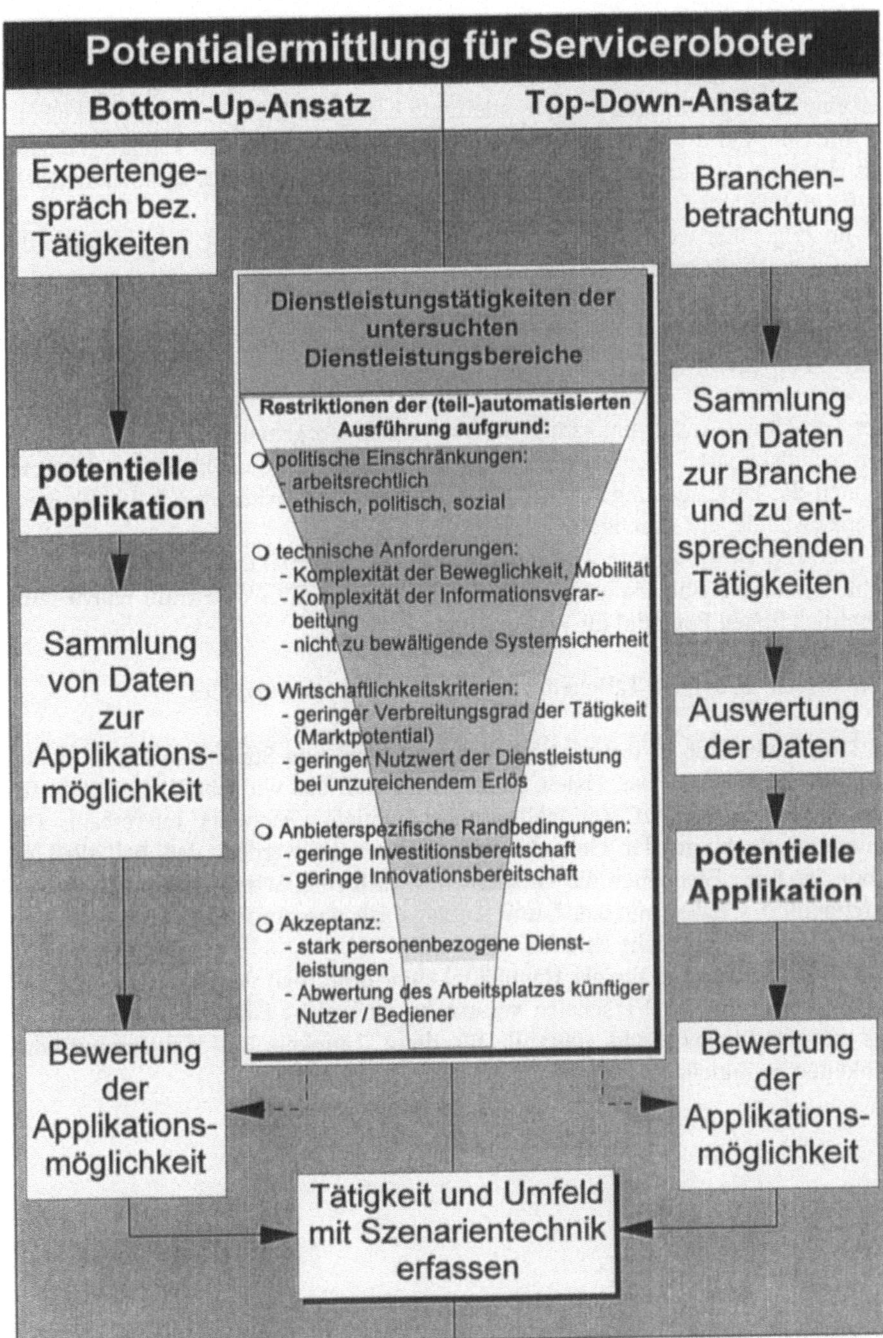


**Bild 2.7:**  Untersuchung der Bereiche mit Hilfe des Top-Down- und Bottom-Up-Ansatzes

Besonders die Anteile verschiedener Tätigkeiten an einer Dienstleistungserbringung, wie Kommunizieren, Handhaben, Bearbeiten oder Transportieren, lassen eine grobe Bewertung der Dienstleistung bezüglich ihrer Technisierbarkeit zu.

Im Falle eines positiven Bewertungsergebnisses werden die Tätigkeitsabläufe mit Hilfe der Szenarientechnik erfaßt, um das Entwickeln eines technisierten Ablaufes zu erleichtern.

Im folgenden werden der Top-Down-Ansatz, der Bottom-Up-Ansatz und die Szenarientechnik kurz vorgestellt.

### 2.5.1  Top-Down-Ansatz

Der Top-Down-Ansatz unterstützt die analytische Vorgehensweise zur Ermittlung von technisierbaren Dienstleistungstätigkeiten. Mit Hilfe des Top-Down-Ansatzes können die Untersuchungen gezielt nach festgelegten Kriterien wie Lohnkosten, Krankenstände, etc. durchgeführt werden.

Der Top-Down-Ansatz wird im folgenden am Beispiel des Hochbaus verdeutlicht. Bei dieser Untersuchung stand die Frage nach Tätigkeiten mit einem wirtschaftlich hohen Potential im Vordergrund.

*Fallbeispiel:* Mögliche Tätigkeiten im Hochbau des Baugewerbes

Im Hochbaubereich ist festzustellen, daß der Beton- und Stahlbau mit 23,4 % den größten Umsatzanteil hat. Daher ist dieser Bereich aus wirtschaftlicher Sicht für eine Untersuchung auf Rationalisierungspotentiale besonders interessant. Bei näherer Betrachtung der Gewerke kann festgestellt werden, daß bei allen zu produzierenden Elementen die Tätigkeiten Verschalen, Bewehren und Betonieren durchgeführt werden müssen. Diese Aussage gilt übergreifend für die Vor- und Baustellenfertigung, siehe Bild 2.8.

Die Kostenanalyse für die Haupttätigkeiten zeigt, daß der überwiegende Teil der Kosten durch das Verschalen verursacht wird, siehe Bild 2.9. Es wäre daher aus wirtschaftlicher Sicht sinnvoll, für diese Tätigkeit Rationalisierungsmöglichkeiten zu finden.

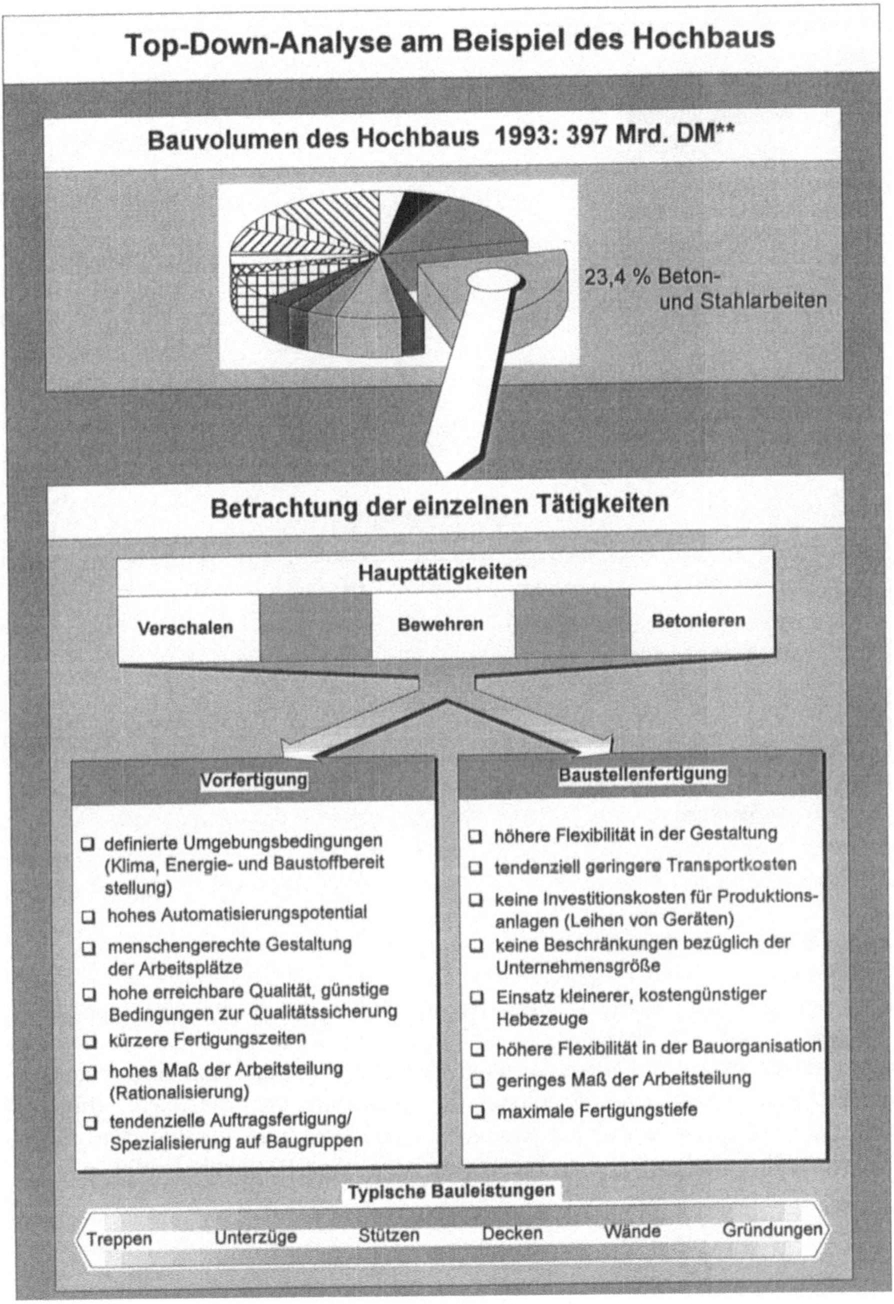

**Bild 2.8:**    Top-Down-Ansatz am Beispiel des Hochbaus

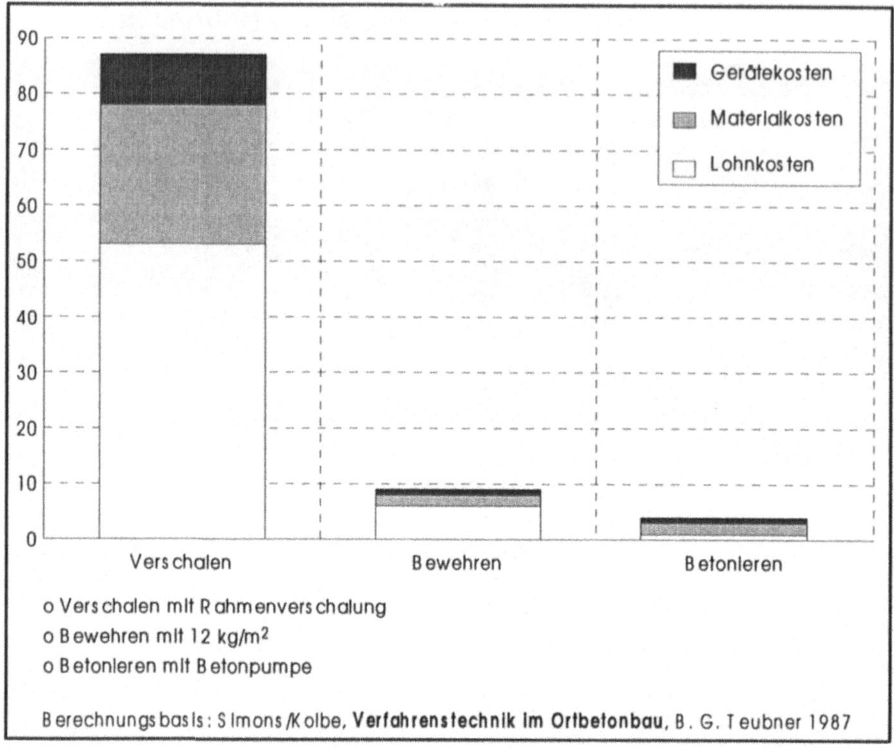


**Bild 2.9:**   Vergleich der Einzelkosten ohne Material für eine Beispielwand von 0,3m x 5m x 5m

## 2.5.2  Bottom-Up-Ansatz

Eine schnelle und effektive Vorgehensweise bei der Suche nach geeigneten Tätigkeiten stellt die Befragung von Experten innerhalb der einzelnen Bereiche dar. Solche Gespräche sichern den Praxisbezug und ermöglichen einen detaillierten Einblick in bestehende Problemfelder eines Betrachtungsbereichs. Bild 2.10 zeigt die Vorgehensweise des Bottom-Up-Ansatzes und die bei den Expertengesprächen angesprochenen Aspekte zur derzeitigen Tätigkeitserfüllung.

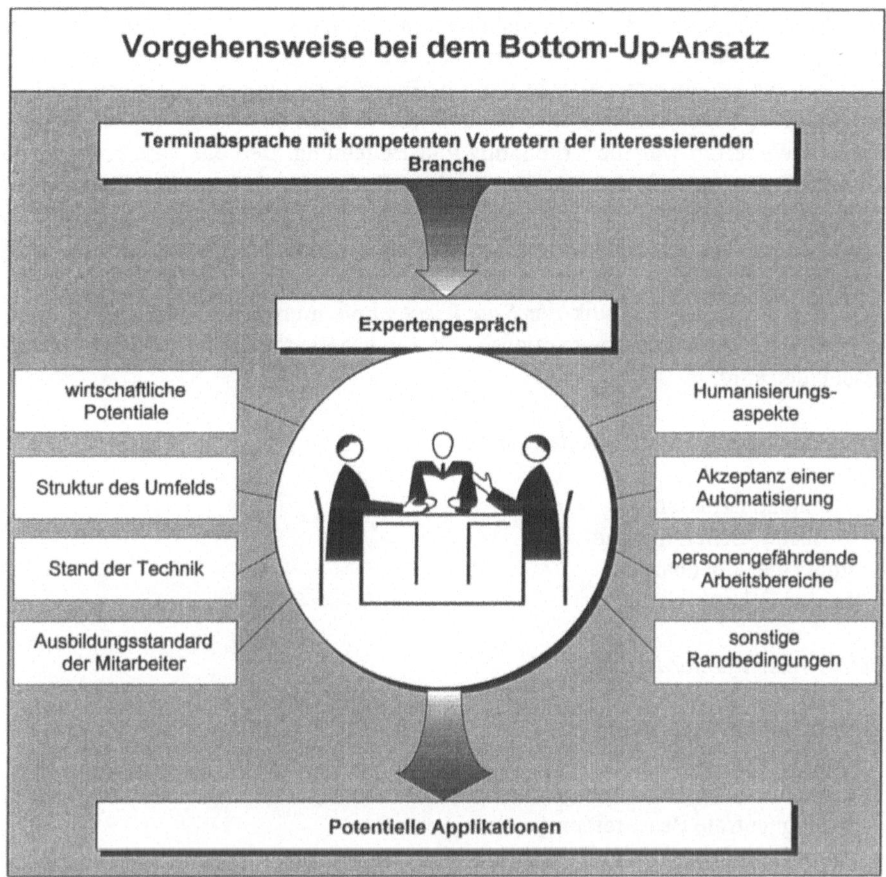


**Bild 2.10:**    Vorgehensweise bei dem Bottom-Up-Ansatz

### 2.5.3  Szenarientechnik: Schwachstellenanalyse und Zielsetzung

Die Lösungen für technische Applikationen im Servicebereich können aufgrund des breiten Anwendungsspektrums sehr unterschiedlich und teilweise hoch komplex sein.
Hohe Anforderungen an die Gerätetechnik erfordern dabei umfangreiche Planungsarbeiten zur Erstellung eines für die jeweilige Applikation vollständigen Anforderungskatalogs, um den bedarfsgerechten und wirtschaftlichen Einsatz von Servicerobotern sicherzustellen. Diese vorbereitenden Planungsarbeiten müssen für die Entwicklung von Servicerobotern besonders genau und vollständig ausgeführt werden, da Serviceroboter, anders als im Bereich der Industrieroboter, individuell an Art, Umfeld und Ablauf einer Aufgabe angepaßt werden [6, 7].

Im folgenden soll ein methodischer Ansatz vorgestellt werden, der die Möglichkeit bietet, Tätigkeitsabläufe und -inhalte rationell und vollständig zu erfassen und in einer strukturierten Weise zu beschreiben. Bei dem Aufbau dieses gesamtheitlichen Ansatzes wurde von der Basisüberlegung ausgegangen, daß es sich bei Tätigkeiten um Prozesse handelt, die in Elemente disaggregiert werden können. Weiterhin war die Erkenntnis von Bedeutung, daß ein Tätigkeitsprozeß Grenzen in Bezug auf Aktivität aber auch in Bezug auf Aktionsraum hat. Dieser begrenzte Betrachtungsbereich wurde bereits als Mikroumgebung definiert. Entsprechend ist unter der Makroumgebung der erweiterte Betrachtungsbereich zu verstehen.

Die entwickelte Methodik der *Szenarientechnik* muß den folgenden Anforderungen genügen, wobei anwendungs- und zielorientierten Anforderungen zu unterscheiden sind.

*Anwendungsorientierte Anforderungen:*

— rationelle Erfassung,
— einfache Anwendbarkeit,
— gute Überschaubarkeit,
— leichte Erlernbarkeit.

*Zielorientierte Anforderungen:*

— vollständige Erfassung,
— gute Darstellungsart,
— sequentielle und chronologische Prozeßabbildung,
— lösungneutrale Beschreibung,
— hohe Flexibilität.

Nachdem verschiedene, bereits existierende Methoden auf ihre Kompatibilität zur Szenarientechnik untersucht wurden, konnte festgestellt werden, daß eine Methode zur Lösung des gegebenen Problems noch nicht existierte. Allerdings erwies es sich als sinnvoll, eine Vorgehensweise ähnlich der KSA-Methode (Kommunikationsstrukturanalyse) [8] zu übernehmen. Wichtig ist bei dieser Methode, daß die Erfassung der Daten von der Weiterverarbeitung der Daten zu einem Modell getrennt wurde. Somit bietet sich die Möglichkeit, die erfaßten Daten auf die Prozeßrelevanz und Lösungsneutralität zu prüfen und in ein entsprechendes Modell zu transferieren. Durch diese Vorgehensweise wird die Methode in einen Teil zur rationellen Erfassung der Daten, dem perzeptiven Teil, und in einen Teil zur Darstellung der bewerteten Daten in einem lösungsneutralen und objektorientierten Modell, dem deskriptiven Teil, gesplittet.

Ein weiterer Impuls wird durch die Methodenanalyse dahingehend gegeben, daß sich zur Abbildung des Tätigkeitsprozesses in einer chronologischen und sequentiellen Form die Netzplantechnik nach DIN 69900 [9] besonders anbietet.

Zur *Tätigkeitserfassung* wurde eine Auslese von Techniken getroffen, die sich in der Praxis als praktikabel und sinnvoll erwiesen haben. Diese Techniken werden in der Literatur allgemein mit Techniken der Erhebung bezeichnet [10], siehe Bild 2.11.

Bei der Erfassung von Tätigkeitsprozessen zur Applikationsentwicklung von Servicerobotern handelt es sich in der Regel um totale Primärerhebungen. Aus dem Spektrum der Techniken zur Primärerhebung haben sich die Techniken der Befragung und der Beobachtung besonders bewährt.

Zur Entwicklung des *Modells* im Rahmen der Szenarientechnik fand zunächst eine Prozeßanalyse statt. Das heißt, daß eine detaillierte Analyse zur Ermittlung aller Tätigkeitselemente, die im Dienstleistungsbereich auftreten können, durchgeführt wurde. Hierzu mußte auch der Aggregations- oder Detaillierungsgrad für die Prozeßelemente festgelegt werden. Das Bestimmen des Detaillierungsgrads ist allerdings häufig nicht abkoppelbar von der gewählten Systemgrenze. Die Abhängigkeit zwischen Detaillierungsgrad und Systemgrenze wird in der Literatur auch mit dem Zusammenhang von der vertikalen und horizontalen Auflösung bezeichnet [1], siehe Bild 2.12.

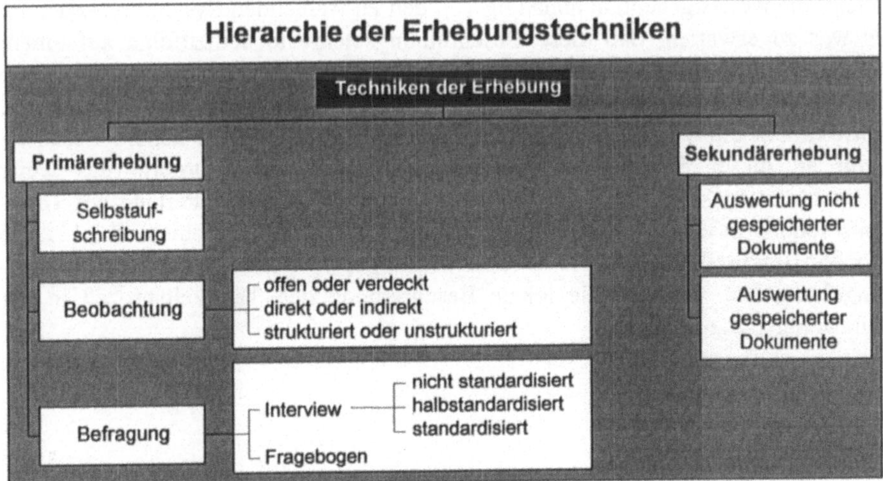


**Bild 2.11:**    Hierachie der Erhebungstechniken [9]

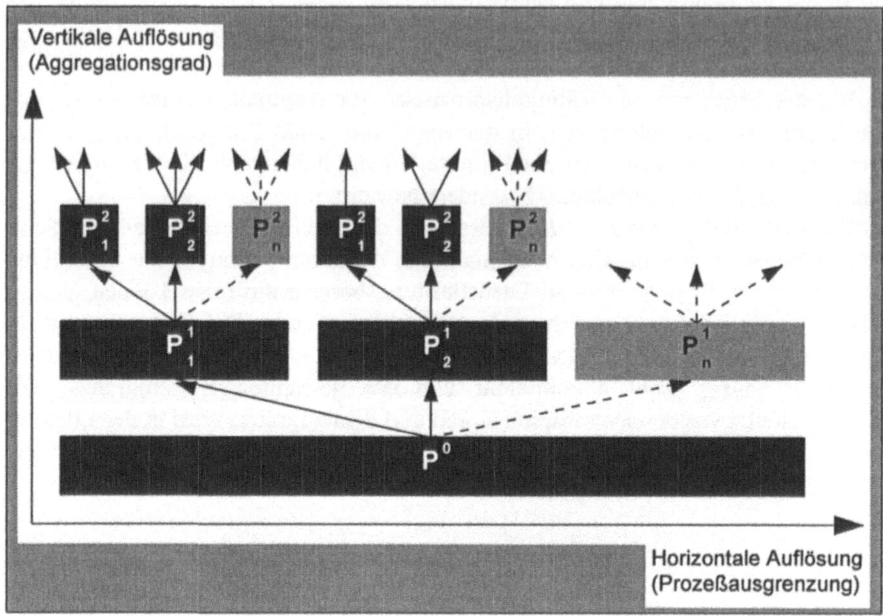


**Bild 2.12:** Zusammenhang zwischen der vertikalen und horizontalen Auflösung

Bei dem Modell wurde besonders Wert auf allgemeingültige Tätigkeitselemente gelegt, die weitestgehend unabhängig von den zu wählenden Systemgrenzen sind. Es war zu erwarten, daß diese Beschreibungselemente demzufolge auf einem hohen Abstraktionsniveau liegen würden, so daß eine Maßnahme zur Erhöhung der Aussagekraft des Modells ergriffen werden mußte. Dieses wurde durch die Entwicklung eines speziellen Netzplanknotens erreicht, dessen nähere Beschreibung an dieser Stelle nicht erfolgen soll. Weiterhin erforderte das weite Betrachtungsspektrum im Bereich der Servicerobotik eine Zweiteilung des Tätigkeitsmodells in eine globale und eine lokale Beschreibung, siehe Bild 2.13. Die globale Beschreibung hält die Wechselwirkungen zwischen Mikro- und Makroumgebung fest, während die lokale Beschreibung den Tätigkeitsprozeß in der Mikroumgebung abbildet.

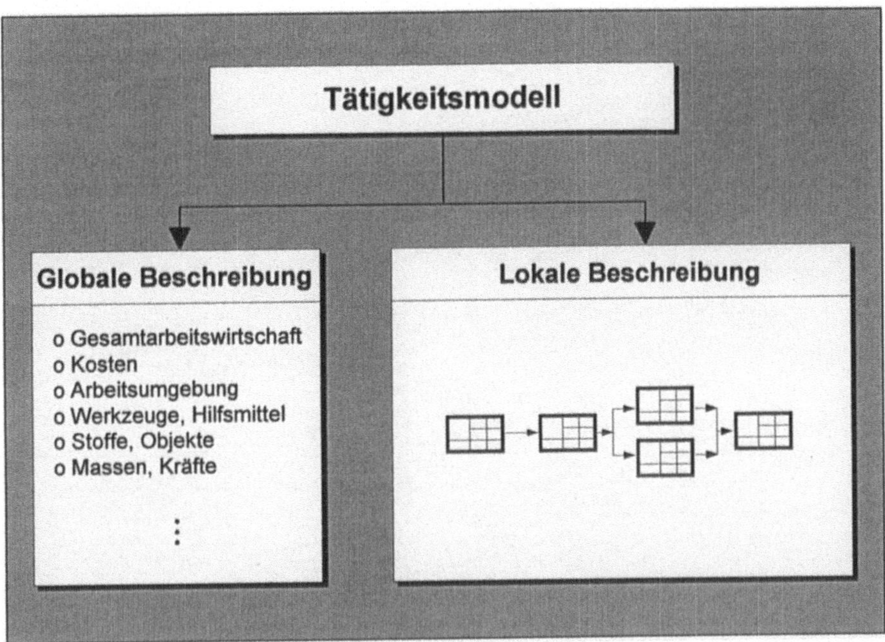



**Bild 2.13:** Zweiteilung des Modells zur Abbildung einer Tätigkeit

# 3 Serviceroboter im Einsatz

Etwa 30 Jahre nach seiner Ersteinführung hat der Industrieroboter weltweit als Produktionsmittel in der flexiblen automatisierten Fertigung eine enorme Verbreitung gefunden, siehe Bild 3.1. Es fanden sowohl konventionelle marktgängige Industrieroboter als auch für den Einsatzbereich spezialisierte Roboterkonstruktionen Einzug in die Produktionstechnik. Darüber hinaus entwickelten sich neue Aufgaben für Roboter auch in anderen Sektoren, insbesondere in der Dienstleistung. Innovationen auf den Gebieten der Antriebs-, Steuerungs-, Sensor- und Werkstofftechnik sowie der Informationsverarbeitung, Modellierung und Methoden des Software Designs haben die Chancen zur Erschließung dieser neuer Anwendungsfelder verbessert.

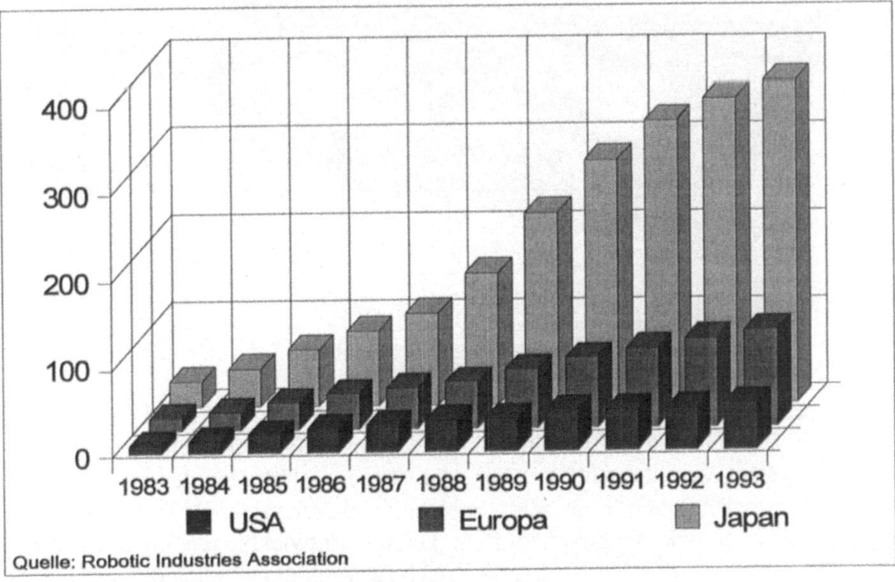


**Bild 3.1:** Einsatzzahlen von Industrierobotern weltweit [in 1000]

Im Dienstleistungssektor liegen durch Fortschritte in der Automatisierungstechnik die benötigten Voraussetzungen für einen Durchbruch zur teil- oder vollautomatisierten Ausführung von Handhabungs-, Transport und Bearbeitungsaufgaben vor. Beispiele erster Realisierungen belegen die wirtschaftlichen Einsatzmöglichkeiten von Handhabungssystemen und mobilen Plattformen in neuen Anwendungen.

Der Stand der Technik wird im folgenden nach den bereits eingeführten Dienstleistungsbereichen gegliedert abgehandelt. Wegen der rasanten weltweiten Entwicklung von Servicerobotern wird neben bereits kommerziell verfügbaren Servicerobotern auch der Stand der Forschung und erste Prototypen beschrieben, um einen möglichst breiten und vollständigen Überblick zu geben.

Eine vom Fraunhofer Institut für Produktionstechnik und Automatisierung durchgeführte Literaturrecherche - ergänzt durch Umfragen, Expertengespräche und das Sichten von Datenbanken und Produktbeschreibungen - ermöglicht einen umfassenden Überblick über die Anzahl derzeit weltweit eingesetzten Serviceroboter und Prototypen im jeweiligen Dienstleistungsbereich, siehe Bild 3.2. Daraus geht hervor, daß das Baugewerbe aufgrund der hohen Zahl eingesetzter Roboter in Japan (1990: ca. 436) [11] bereits eine Vorreiterrolle eingenommen hat.

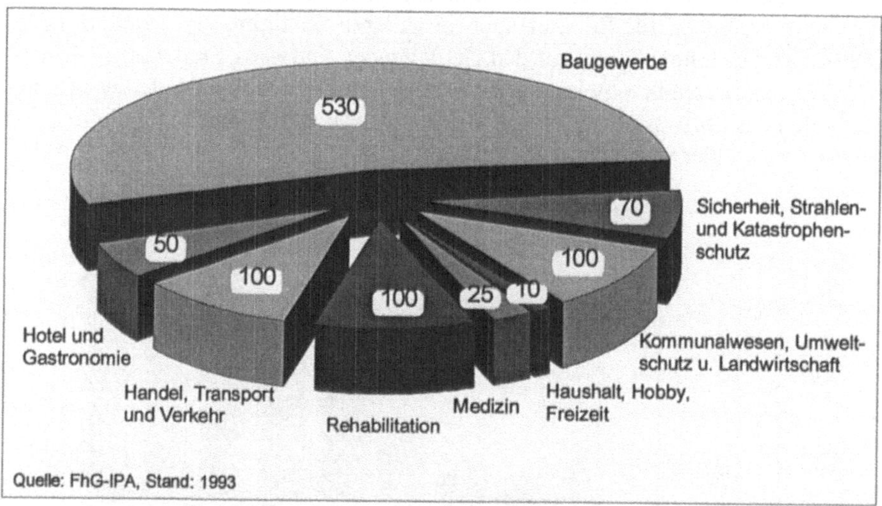


**Bild 3.2:**     Anzahl der weltweit eingesetzten Serviceroboter

Neben den genannten Gesamtzahlen eingesetzter Seriengeräte kann innerhalb der einzelnen Bereiche auch hinsichtlich der Typenvielfalt unterschieden werden. Bild 3.3 gibt einen Überblick über die Typenvielfalt in den betrachteten Dienstleistungsbereichen und zeigt, welche Tätigkeiten (z. B. Transport, Reinigung) diese Entwicklungen betreffen. Da die Entwicklungen unterschiedlich weit fortgeschritten sind, wird zusätzlich nach Entwicklungsstadien differenziert.

| Bereich \ Tätigkeit | Wartung und Instandhaltung | Reparatur | Transport | Reinigung | Bewachung und Rettung | Daten-erfassung | Sonstige | Gesamt |
|---|---|---|---|---|---|---|---|---|
| Medizin | | | 4 / 2 / 1 | 2 / 2 | | 3 / / 1 | 2 / 6 | 11 / 11 / 1 |
| Rehabilitation | | | 2 / 2 | | | | 3 / 3 / 1 | 5 / 5 / 1 |
| Kommunalwesen, Umweltschutz, Landwirtschaft | | 7 / 2 | | 6 / 4 / 3 | | | | 13 / 6 / 3 |
| Hotel und Gastronomie | | | 3 / 1 / 1 | 1 / 1 | | | | 3 / 2 / 2 |
| Baugewerbe | 13 / 12 / 5 | 14 / 12 / 6 | 10 / 7 / 5 | 10 / 10 / 2 | | | 21 / 18 / 11 | 68 / 59 / 29 |
| Sicherheit, Strahlen-, Katastrophenschutz | 3 / 10 / 7 | 14 / 12 / 4 | 7 / 9 / 8 | 6 / 5 / 2 | 8 / 6 / 3 | | | 38 / 42 / 24 |
| Handel, Transport und Verkehr | | | 9 / / 2 | 6 / 4 / 1 | | | 11 / 8 / 2 | 26 / 14 / 3 |
| Haushalt, Hobby und Freizeit | | | 10 / / 9 | 8 / 10 / 3 | | | | 18 / 19 / 3 |

Typenvielfalt bezogen auf:
- Entwicklungen (Konzepte)
- Entwicklungen (Prototypen)
- Serientypen

Quelle: FhG-IPA

**Bild 3.3:**   Typenvielfalt und Entwicklungsstadien von Servicerobotern

Einzelne Studien befaßten sich bereits mit der Darstellung des Stands der Technik, bzw. Entwicklungstendenzen von Serviceroboteranwendungen. Die Betrachtungsbereiche erstreckten sich dabei von speziellen, scharf abgrenzbaren Anwendungsbereichen (z. B. "Medizin") bis zu generellen Übersichtsdarstellungen (z. B. "Nicht-industrielle Anwendungsbereiche") Diese Studien werden nachfolgend kurz vorgestellt und ihre wesentlichen Ergebnisse erläutert:

*Feasibility Study into Applications for Advanced Robots in Medicine and Healthcare:* Die Machbarkeitsstudie wurde 1987 im Rahmen des "International Advanced Robotics Program" durchgeführt und erfaßte den Stand der Technik von Robotern und Manipulatoren in der Medizin. Insgesamt wurden in halbtägigen "Brainstorming-Sitzungen" mehrere hundert Einsatzmöglichkeiten von Robotern in der Medizin vorgeschlagen, von denen vier einer weiteren detaillierten Betrachtung unterzogen wurden. Diese Vorschläge werden im Bereich Medizin später vorgestellt.

Die *Erhebung durch die JIRA* (Japan Industrial Robot Association) im Jahr 1990 stellt erstmals künftige mögliche Anwendungsfelder und den prognostizierten Markt bis zum Jahr 2000 für Japan zusammen, siehe Bild 3.4.

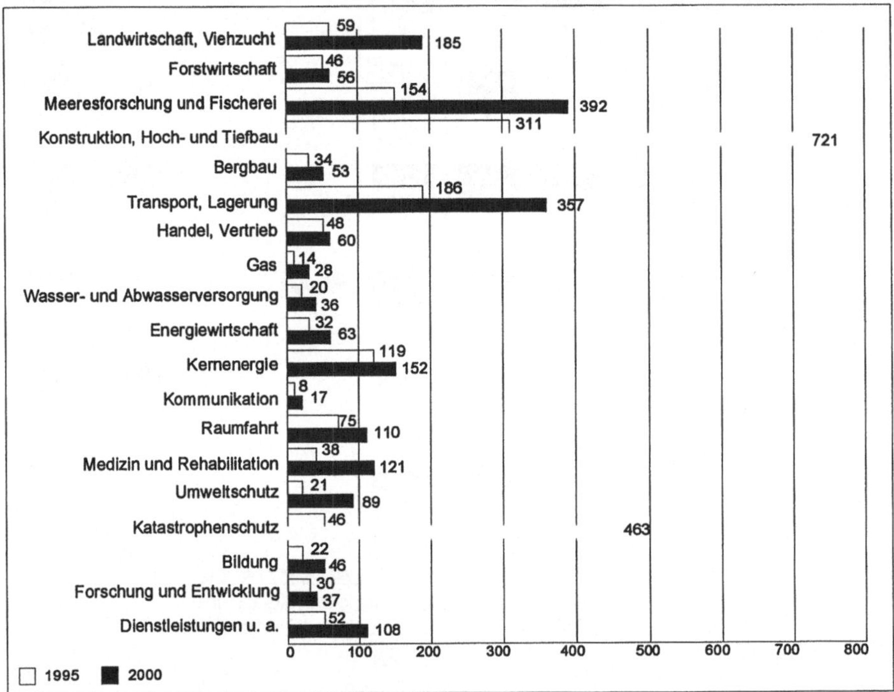


**Bild 3.4:**    Mögliche Anwendungsfelder und prognostizierter Markt in Stück für Serviceroboter in Japan (Quelle: JIRA, 1990)

*Robot Applications in Non-Industrial Environments:* Diese 1991 durch Richard K. Miller & Associates durchgeführte Studie gibt einen generellen Überblick über Roboteranwendungen in neuartigen Bereichen außerhalb der klassischen industriellen Produktion. Sieben Hauptanwendungsbereiche wurden als die künftig wirtschaftlich bedeutendsten identifiziert:

- Serviceroboter für Reinigungsaufgaben,
- Manipulatoren in der Therapie und Roboter in der Krankenhauslogistik,
- Roboter in der Landwirtschaft,
- Roboter in der Bürologistik,
- Roboter in der Nuklearindustrie,
- Raumfahrtroboter
- Roboter in militärischen Anwendungen.

Die *Suomen Robotikkayhdistys ry* (die finnische Gesellschaft für Robotik) führte 1993 eine Studie über Anwendungs- und Marktpotentiale von Servicerobotern durch. In den fünf Betrachtungsbereichen

- (Groß-)Küchen,
- Laboratorien,
- Abfallentsorgung,
- Wäschereien und Reinigungen,
  und
- Medizin und Pflege

sollten Aufgaben auf Automatisierbarkeit analysiert werden, die körperlich anstrengend, gesundheitsgefährdend, unzumutbar unterfordernd sind, überwiegend Handhabungs- und Transportaufgaben beinhalten oder aus Sicherheitsgründen keine menschliche Präsenz zulassen.

Als vordringlichste Automatisierungsaufgabe wurde in dieser Studie die automatische Sortierung von Abfällen identifiziert.

## 3.1   Serviceroboter im Einsatz: Medizin

Die Studie des *International Advanced Robotics Program* brachte zutage, daß der Stand der Roboteranwendungen auf dem Gebiet der Medizin um Jahre der industriellen Entwicklung hinterherhinkt. Andererseits hat sich das Gesundheitswesen in den letzten Jahren in der Diagnose- und Apparatetechnik zu einem hochtechnisierten Bereich entwickelt. Hier haben Systeme Einzug in die Medizin gefunden, die von ihrer Komplexität längst mit Robotern vergleichbar sind, während gegenüber dem Robotereinsatz noch Vorbehalte der Akzeptanz bestehen. Bild 3.5 zeigt einen Überblick über erste internationale Roboterentwicklungen im Bereich Medizin.

| Einsatz-bereich | Benennung | | Entwickelt in |
|---|---|---|---|
| Diagnose | • | Robotergeführter Ultraschallkopf | Deutschland |
| Chirurgie | • | Passive Kinematik mit steuerbarer Achsblockierung (PADYC) | Frankreich |
| | • | Passiver Manipulator des Imperial College Centre for Robotics | USA |
| | • | Passive Kinematik als Meßarm | Deutschland |
| | • | Mehrkoordinatenmanipulator | Deutschland |
| | • | Robotersystem für neurochirurgische Eingriffe (MINERVA) | Schweiz |
| | • | Unterstützendes System für orthopädische Eingriffe (ROBODOC) | USA |
| | • | Telemanipulator für mikroinvasive Eingriffe (LAPAROBOT) | England |
| | • | Manipulatorsystem für Neurochirurgie | Frankreich |
| | • | 7-achsiger Manipulator für laparoskopische Anwendungen | USA |
| | • | Roboter zur Unterstützung bei der Entfernung von Prostatakrebs | England |

**Bild 3.5:**     Stand der Technik von Servicesystemen in der Medizin

- *Innovationen im Gesundheitswesen.* Gerade in den letzten Jahren vollzogen sich auf diesem Gebiet enorme Innovationen. Diese leiten sich aus der Wechselwirkung zwischen gesteigerten Ansprüchen an die Gesundheitsfürsorge, dem Kostendruck auf das Gesundheitswesen, der Arbeitsmarktsituation, den Erwartungen an Beschäftigungsbedingungen und aus neuen verfügbaren Technologien ab, siehe Bild 3.6.

- *Akzeptanz*: Das Gesundheitswesen ist heute ein hochtechnisierter Bereich. Ärzte und Pflegepersonal, die täglich modernste Technik nutzen, nehmen technische Neuerungen gern an. Während gegenüber Robotern in der Medizin noch Vorbehalte der Akzeptanz bestehen, haben typische Teilsysteme der Technologien, die aus dem Bereich der Robotik stammen, längst Einzug in die Medizin gehalten.

- *Demographische Entwicklung*: Die alternde Bevölkerung in allen Industrienationen belastet das Gesundheitswesen in besonderem Maße: Höhere Vorsorgekosten müssen durch weniger Steuerzahler beglichen werden (Im Jahr 2030 wird möglicherweise der Anteil der Ruheständler gleich dem der Arbeitenden sein).

**Bild 3.6:**     Innovationen im Gesundheitswesen

- *Kosten*: Die veränderten finanziellen Rahmenbedingungen in der gesamten medizinischen Versorgung erfordern noch intensiver als bisher, alle Möglichkeiten der Rationalisierung und Modernisierung in der Medizin für höchste Wirtschaftlichkeit zu nutzen. Modernste Technik besitzt das Potential, mehr Effizienz und hohe Erwartungen der Patientenversorgung zu verbinden.

Bestehende Roboter, bzw. Handhabungsgeräte im Gesundheitswesen können in die vier Kategorien Diagnose, Therapie, Pflege und Klinikbetrieb unterteilt werden, siehe Bild 3.7. Auf den folgenden Seiten wird der Stand der Technik anhand einiger Serviceroboter detaillierter dargestellt.

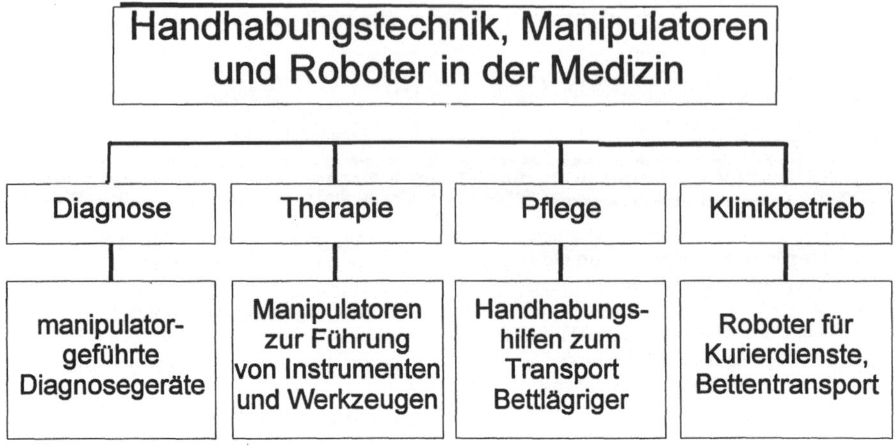


**Bild 3.7:**     Handhabungstechnik, Manipulatoren und Roboter in der Medizin

### 3.1.1  Mehrkoordinatenmanipulator

*Hersteller*:      Carl Zeiss

*Kurzbeschreibung*: Einsatzgebiet des Mehrkoordinatenmanipulators (MKM) sind moderne chirurgische Verfahren (Minimal Invasive Therapie, MIT), insbesondere die Neurochirurgie und Mikrochirurgie.

Entsprechende Körperteile wie Kopf, Kniegelenk etc. werden fixiert. die Kinematik wird mittels der  durch bildgebundene Diagnose errechneten Punkt- und Positioniervorgaben kalibriert. Die Werkzeuge oder Instrumente werden von der Kienmatik durch manuell gesteuerte Antriebe in das Eingriffsgebiet verfahren. Dem Mehrkoordinatenmanipulator dient eine positionierbare Kinematik als Instrumententräger, die durch eine sich außerhalb des Patienten befindliche Bewegungssteuerung exakt positioniert wird. Durch den Einsatz eines integrierten Operationsmikroskops und einer graphischen Workstation ist eine so sichere und hochgenaue Positionierung des motorgetriebenen Instrumententrägers möglich, daß der MKM auch im Bereich stereotaktischer Eingriffe und bei minimal invasiven Methoden Verwendung findet. Bisher nicht durchführbare Eingriffe sind nun durch die exakte Führung der Instrumente möglich, ohne daß die Gefahr besteht, umliegendes Gewebe zu verletzen.

Die modernen Operationsmethoden erlauben eine den Patienten schonendere Behandlung, was zu einer kürzeren Verweildauer im Krankenhaus führt und so zur Kostensenkung beiträgt.

Der abgebildete Prototyp ist bei den Chirurgen auf größtes Interesse gestoßen und wird derzeit auf dem Markt eingeführt.

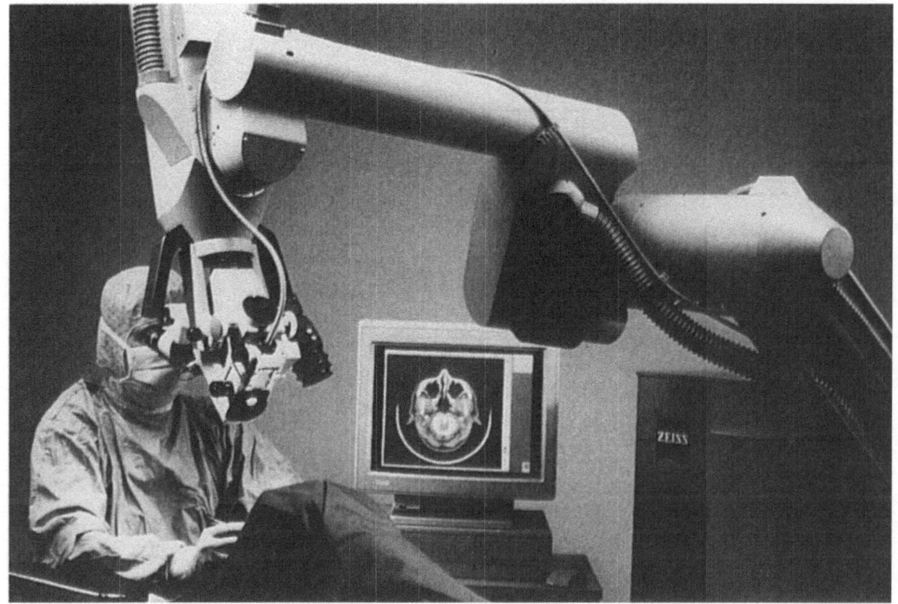

**Bild 3.8:**    Mehrkoordinatenmanipulator

## 3.1.2  MINERVA

*Hersteller*:    Federal Institute of Technology, Lausanne

*Kurzbeschreibung*: Das Robotersystem  MINERVA, das für die Neurochirurgie
entwickelt wurde, ist eine automatisierte Kinematik. Kennzeichnend für automatisierte Kinematiken ist die unmittelbare Verbindung von Diagnose und Therapie,
Positionsfindung und Korrelation sowie Operationsvorbereitung und Training. In
Prototypen wurde MINERVA bereits erprobt. Hervorzuheben ist die mit sieben
Freiheitsgraden außerordentliche Beweglichkeit des Instrumententrägers. Eine
Vielzahl von Translations- und Rotationsbewegungen sind möglich. Zusammen
mit der exakten und punktgenauen Steuerung sind so komplizierte Eingriffe an
schwer zugänglichen Hirnpartien sicher und ohne Gefährdung angrenzender
Hirnbereiche durchführbar.

Derzeit können von MINERVA verschiedene, roboterangepaßte Werkzeuge
geführt werden. Es handelt sich um unterschiedliche Messer für Gewebeschnitte
(Haut), Bohrer und Fräser zur Schädelöffnung, Biopsienadeln und Nadeln zur
Gewebeentnahme.

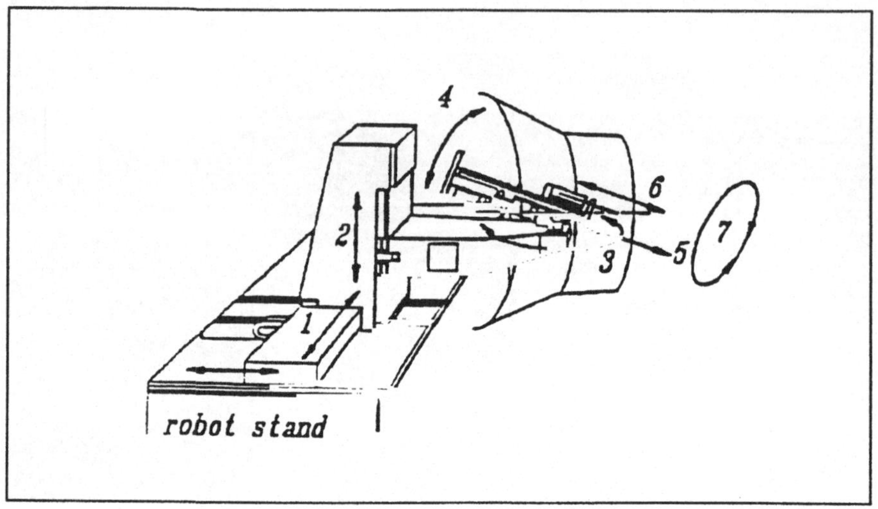


**Bild 3.9:**    Robotersystem MINERVA

Der Kopf des Patienten wird durch einen stereotaktischen Ring fixiert. Dabei erfolgen die Eingriffe durch den Roboter während sich der Kopf im Aufnahmebereich des Computertomographen befindet. Das heißt, auf entsprechende signifikante Abweichungen wie zum Beispiel Gewebeverschiebungen kann sofort reagiert werden. Dazu muß der Roboter kinematisch entsprechend ausgelegt sein. Umfangreiche Sicherheitsmaßnahmen sollen den fehlerfreien Betrieb des Gerätes sichern.

### 3.1.3  LAPAROBOT

*Hersteller*:        Armstrong Projects PLC

*Kurzbeschreibung*: Der wichtigste Sensor des Chirurgen ist das Auge. Ein Endoskop bringt Bilder aus dem Körper des Patienten zum Auge des Operateurs; er kann so die Manöver, die er mit dem Werkzeug an der Spitze des Endoskops ausführt, optisch kontrollieren. Das Bild aus dem Körper ermöglicht eine Diagnose vor Ort, die außerhalb des Körpers nicht möglich ist.
Mittels eines Laparoskops lassen sich Videobilder aus dem Körper des Patienten auf einem Monitor darstellen und aufzeichnen. Das Laparoskop ist eine Röhre mit einem Lichtleiter, der Licht zur Ausleuchtung des Operationsgebiets von einer äußeren Lichtquelle in den Körper leitet, und einem Bildleiter, der über eine Linse

an seiner Spitze ein Abbild des Operationsgebietes an eine Kamera außerhalb des Patienten liefert.

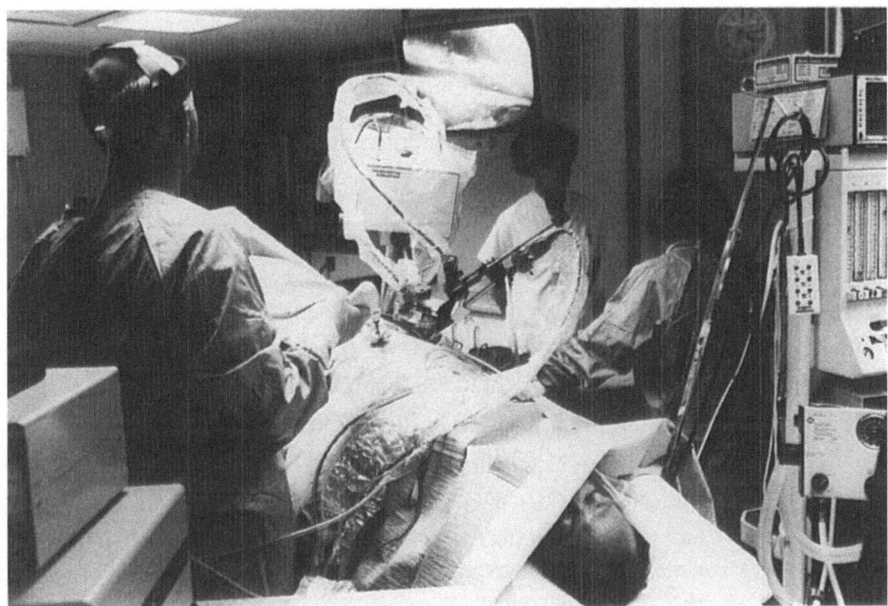

**Bild 3.10:** LAPAROBOT

Bei mikroinvasiven Eingriffen führt der LAPAROBOT der amerikanischen Firma Armstrong Projects ein Laparoskop gemäß den Kopfbewegungen des operieren- den Chirurgen. Bisher mußte dies von einer zweiten Person übernommen werden, damit der Operateur beide Hände zum Führen der Instrumente einsetzen konnte. Die Trennung von Instrumentenführung und Bildführung, welche die Operation erschwerte und das Ergebnis beeinträchtigen konnte, wird mit LAPAROBOT aufgehoben. Der Operateur wählt die Bilder, die Grundlage seiner Entscheidungen sind, selbst aus.

## 3.2 Serviceroboter im Einsatz: Rehabilitation

Der Anteil der alten und pflegebedürftigen Menschen nimmt in allen Industrie- nationen zu [5]. Die Anzahl des Pflegepersonals verhält sich zu diesem Anstieg keineswegs proportional. Durch den Einsatz von:

- Fahrhilfen und intelligenten Rollstühlen,
- Handhabungshilfen und rollstuhlbasierten Manipulatoren,

- Geräten zur Pflegepersonalunterstützung,
- Servicezentren für Rehabilitation und
- Intelligenter Prothetik

ist es möglich, das Pflegepersonal von Transport- und Handhabungsaufgaben sinnvoll zu entlasten, um die kommunikativen und pflegerischen Aspekte der Betreuung in den Vordergrund der Aufgabe zu stellen. Das nachfolgende Bild 3.11 gibt einen repräsentativen Überblick über internationale Entwicklungen im Bereich Rehabilitation und Pflege.

| Einsatz-<br>bereich | Benennung | Entwickelt in |
|---|---|---|
| Hand-<br>habungs-<br>hilfen | • Manipulatorarm für rollstuhlgebundene Querschnittsgelähmte (INVENTAID) | England |
| | • Roboterarm für Behinderte (HANDY 1) | USA |
| | • Robotergreifarm MANUS für Rollstühle | Niederlande |
| | • System zum Transport von Essen, Getränken, Büchern etc. (Voice-Command I) | USA |
| | • Ortsfestes Manipulatorsystem zur Unterstützung Querschnittsgelähmter an Büroarbeitsplätzen | USA |
| Pflege-<br>personal-<br>unter-<br>stützung | • Tragarm zur Patientenunterstützung | Japan |
| | • Bettenliftsystem | Japan |
| Sonstige | • Fahrzeug zum Führen von Blinden (MELDOG) | Japan |
| | • Sensorgürtel für Blinde zum Erkennen von Hindernissen (NAVBELT) | USA |
| | • Waschkabine | Japan |
| | • Biped Robot | Japan |

**Bild 3.11:** Stand der Technik von Servicesystemen in der Rehabilitation

Diese Systeme erlauben dabei [11]:

- Behinderten Menschen, sich in die Arbeitswelt zu integrieren,
- Alten oder behinderten Menschen mehr Selbständigkeit zu geben (Selbstversorgung),
- Das Pflegepersonal bei kraftaufwendigen Tätigkeiten zu unterstützen.

### 3.2.1  Manus

*Hersteller*:        Exact Dynamic

*Kurzbeschreibung*: Manus ist ein Manipulatorarm, der, montiert an einen Rollstuhl, Behinderte bei einfachen Aufgaben wie Essen und Trinken oder vergleichbaren Handhabungstätigkeiten unterstützt. Manus kann wahlweise auf der rechten oder linken Seite eines geeigneten Rollstuhls befestigt werden.

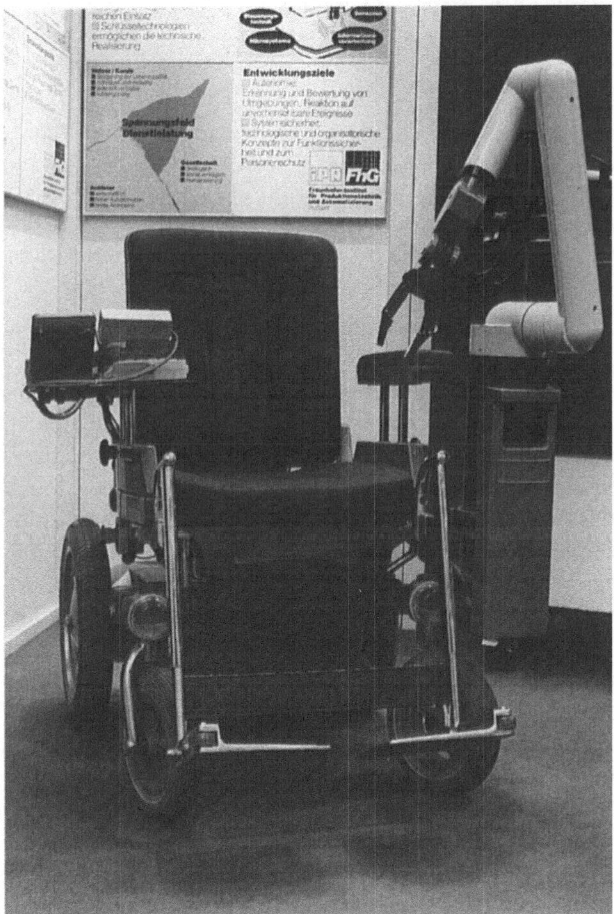

**Bild 3.12:**    Manus

Der Arm besitzt sechs Freiheitsgrade der Rotation, eine redundante Translation an der Basis und einen Greifer. Die Sicherheit des Benutzers wird neben Softwaremaßnahmen auch durch spezielle Rutschkupplungen in den Antriebssträngen gewährleistet.

Das Kommunikationsgerät BASCO steht für den Einsatz als Bedienerinterface zwischen Behindertem und dem Robotergreifarm Manus zur Verfügung. Es ermöglicht alternativ eine Steuerung mit Kopf-, Kinn-, Hand- und Zehenbewegung.

Eine Erweiterung stellt das Gerät Zenit 4000 dar. Es besteht aus einem Rollstuhl und einem Manus-Arm. Dabei ist ein Robotersystem in einen Computerarbeitsplatz integriert, der es einer behinderten Person ermöglicht, die Workstation zu bedienen. Die Möglichkeit, den Manipulator auch im Alltag für einfache Handhabungsaufgaben zu verwenden, bleibt voll erhalten.

*Technische Daten*:

| | |
|---|---|
| Gewicht des Robotergreifarms: | 20 kg |
| Länge des Robotergreifarms: | 85 cm |
| max. Belastung im entfalteten Zustand: | 2 kg |

## 3.2.2 Biped Robot

*Hersteller*:        Mechanical Engineering Laboratory, MITI

*Kurzbeschreibung*: Biped ist ein auf zwei Füßen schreitender Roboter. Die komplexe Dynamik des zweifüßigen Gehens wurde zu einem Modell vereinfacht, indem die Bewegung des Körpers durch die Bewegung seines Massenschwerpunktes parallel zum Untergrund beschrieben wird.

Die Bewegungsbahn des Masseschwerpunktes ist in diesem Fall durch eine einfache lineare Differentialgleichung zu beschreiben. Der Beginn der Bewegung aus der Ruheposition, der Verlauf des Gehens und das Wiedererlangen des Stillstandes lassen sich so mathematisch ausdrücken. Dieses Modell setzt voraus, daß die Masse der Beine gering ist im Vergleich zur Masse des Roboterkörpers oder der vom Biped getragenen Last. Durch konsequenten Leichtbau der Beinkonstruktion sowie der Integration der Steuerung und der Antriebsbatterien in den Roboter selbst wird diese Forderung erfüllt.

Sensoren für Beschleunigung, zur Erkennung der Winkellage und der wirkenden Drehmomente liefern ihre Meßwerte an ein Mikrocomputersystem (Intel 80386 mit Numerikprozessor 80387). Dieser Rechner steuert zusammen mit einem Signalprozessor den Antrieb. Vier Gleichstrommotoren, die im Körper des Roboters untergebracht sind, bewegen die Beine. Je ein weiterer kleiner Gleichstrommotor ist in das Beingestänge integriert, um den Winkel der Gelenke beeinflussen zu können. Mit einem Biped dieses Typs wurden am Mechanical Engineering Laboratory erfolgreich Gehversuche durchgeführt, die auch das Übersteigen eines Hindernisses einschlossen.

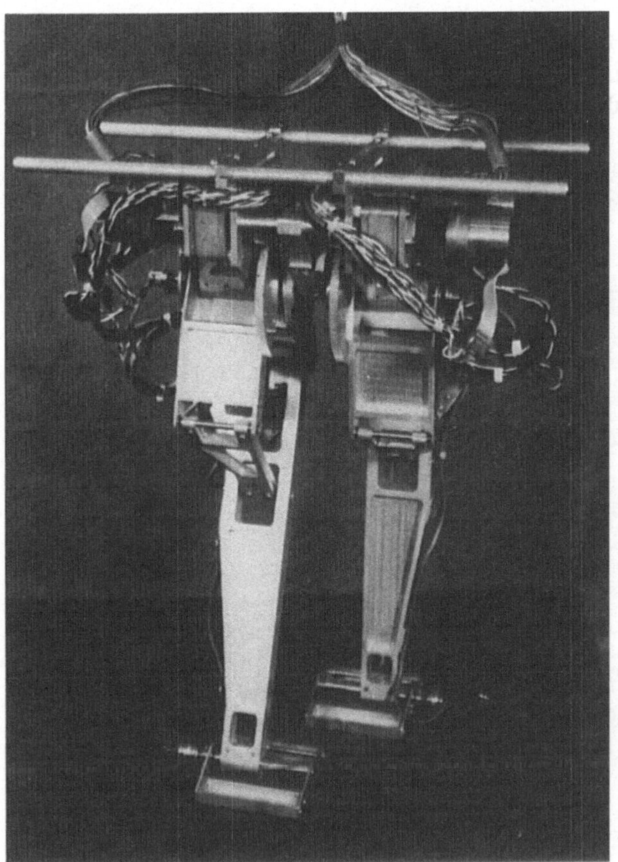

**Bild 3.13:**    Biped Robot

Einem auf zwei Beinen gehenden Roboter bietet sich eine Vielzahl von Einsatzmöglichkeiten. So kann er als mechanische Prothese nach Amputationen den Rollstuhl ersetzen. Als selbständig arbeitendes Gerät, versehen mit entsprechenden Manipulatoren, kann er verschiedene Aufgaben, beispielsweise im Haushalt und zur Betreuung Kranker, übernehmen. Gerade für den Einsatz in Gebäuden, die ja dazu geschaffen wurden, um sich auf zwei Beinen in ihnen zu bewegen, ist ein derartiger Roboter geeignet. Aber auch im Freien kann er in den Fällen zur Anwendung kommen, in denen eine mobile Plattform auf Rädern oder Ketten nicht geeignet ist.

### 3.2.3 Bettenlift-System

*Hersteller*:        Paramount Bed Co.

*Kurzbeschreibung*: Das Bettenlift-System, das sich unter dem Bett befindet, ermöglicht es, das Bett stufenlos in der Höhe zu variieren und um einen Winkel von bis zu 80 Grad zu drehen. Die Steuerung erfolgt über ein Bediengerät, das über ein Kabel mit den Servomotoren verbunden ist Eine kranähnliche Vorrichtung über dem Bett ergänzt das System. Anwendung findet der Bettenlift im Klinkbereich und in der häuslichen Pflege.

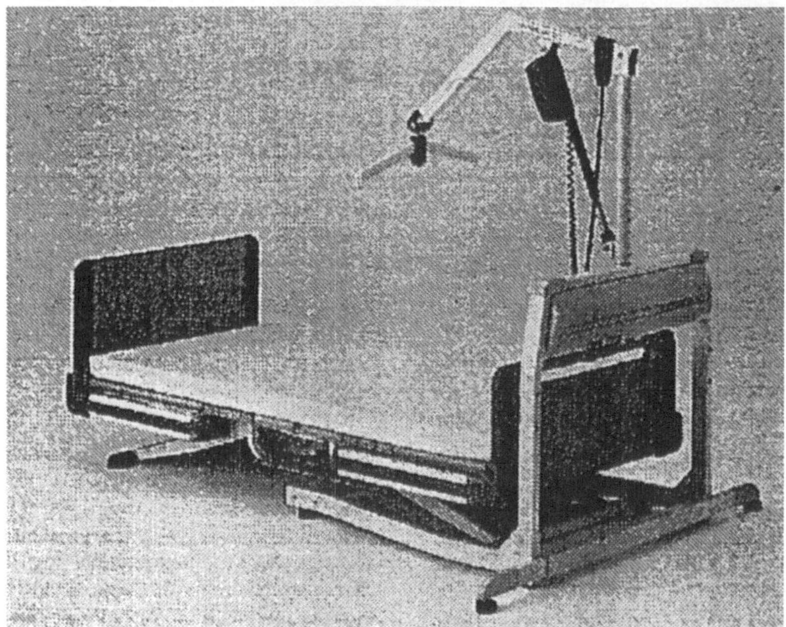

**Bild 3.14:**    Bettenlift-System

Im Krankenhaus erleichtert er es dem Pflegepersonal zum Beispiel, den Patienten vom Bett auf eine Transportliege zu verlagern oder den Kranken anzuheben um die Bettwäsche zu wechseln. Tätigkeiten, zu denen sonst zwei oder mehr Pflegekräfte benötigt wurden, können so von einer einzigen ausgeführt werden. Der Wegfall schwerer körperlicher Arbeit verbessert die Situation von Schwestern und Pflegern, so daß sie mehr Zeit den Patienten widmen können. Der Kranke selbst kann mittels des Lifts die Höhe seines Bettes so einstellen, daß es ihm leichter fällt, das Bett zu verlassen. Durch Variieren von Höhe und Neigung der Liegefläche kann er eine Position finden, die ihm ein angenehmeres Liegen ermöglicht.

Bei der Pflege zuhause erleichtert das Bettenlift-System die Betreuung bettlägeriger und pflegebedürftiger Personen, da viele der meist älteren Betroffenen von ebenfalls meist älteren Familienangehörigen gepflegt werden. Das Liftsystem erlaubt ein bequemes Einsteigen in einen Rollstuhl oder in eine neben dem Bett plazierte transportable Badewanne.

### 3.2.4  MELDOG

*Hersteller*:          Mechanical Engineering Laboratory, MITI

*Kurzbeschreibung*: Eine Entwicklung, die bereits 1977 begonnen wurde, führte 1993 zur Vorstellung von MELDOG, einem Fahrzeug zur Führung von Blinden. Fortschritte in Wissenschaft und Technik machen es möglich, ein Hilfsmittel herzustellen, das an Stelle eines Blindenhundes den Sehbehinderten auf seinem Weg führt.

MELDOG verfügt über einen eigenen Antrieb, um der zu führenden Person vorauszufahren und diese mittels eines Handgriffes sicher zu geleiten. Geradeausgang sowie Rechts- und Linksabbiegen sind möglich.

Durch direkte Benutzereingabe oder durch das Hintergrundwissen einer vorprogrammierten Umgebung wie etwa eines Gebäudegundrißes findet der elektronische Blindenhund seinen Weg. Mit seinen Sensoren, die ihn zum sehenden Roboter machen, kann MELDOG Hindernisse erkennen. In diesem Fall ist das Führungssystem nicht an die Vorgaben des Benutzers gebunden. Der Sehbehinderte wird über die Situation informiert und die nötigen Schritte, um dem Hindernis auszuweichen, eingeleitet. Die Kommunikation zwischen Mensch und Maschine erfolgt über die Signalisierung von erkannten Hindernissen und Abweichungen der vorprogrammierten Umgebung von der vorgefundenen Situation einerseits und Eingabe neuer Anweisungen auf Seite des Anwenders.

Unsere Umwelt, in der wir uns im Alltag bewegen, ist äußerst komplex. MELDOG kann in seiner existierenden Form bei weitem nicht alle denkbaren Situationen abdecken. So stellt eine Treppe oder Stufe im Moment ein unüberwindbares Hindernis dar. Mit der weiteren Entwicklung ist eine ständige Erweiterung seiner Funktionen zu erwarten.

In einer entsprechend eingerichteten Umgebung ist MELDOG mit seinen gegenwärtigen Funktionen für verschiedene Aufgaben einsetzbar. Beispielsweise zum Gehtraining oder zur Führung von Blinden durch ein ihnen unbekanntes Gebäude, wie etwa eine Behörde.

**Bild 3.15:**    MELDOG

## 3.3    Serviceroboter im Einsatz: Baugewerbe

Die Entwicklung im Baugewerbe wird wesentlich geprägt durch die Situation am heimischen Markt. Nur die großen Unternehmen sind auf dem internationalen Markt tätig. Entsprechend ist die Konkurrenzsituation am Bau ausgeprägt. Konkurrenz kommt fast ausschließlich aus dem eigenen Land mit entsprechend gleichen Rahmenbedingungen. Allerdings macht sich in letzter Zeit der immer stärkere Konkurrenzdruck aus EU-Mitgliedsländern mit geringerem Lohnniveau bemerkbar. Hinzu kommt, daß auch die Konkurrenz aus Ländern mit hohen Lohn-kosten sowie fortschrittlicherer Technik, beispielsweise Japan, stärker wird. Deutsche Bauunternehmen versuchen immer häufiger dieser Situation mit dem Einsatz billiger Subunternehmen aus den Ländern des ehemaligen Ostblocks zu begegnen. Aus dieser Möglichkeit auf billige Subunternehmen zurückzugreifen resultieren entsprechend geringe Anstrengungen, die Produktivität durch den Einsatz teil- oder vollautomatischer Systeme auf dem Bau zu erhöhen. Dieses wirkt sich direkt auf den Stand der Entwicklung von Baurobotern in der Bundes-republik aus.

| Einsatz-bereich | Benennung | Entwickelt in |
|---|---|---|
| Straßen-bau | • Automatischer Straßenfertiger | Japan<br>Frankreich |
| | • Automatisches Schließen von Rissen in Betondecken von Straßen | USA |
| Tunnel-bau | • Betonspritzroboter für den Tunnelbau | Japan |
| | • Parallel Link Manipulator | Japan |
| | • Roboter zum automatischen "Prelining" | Japan |
| | • Gleitschalroboter | Japan |
| | • Roboter zum Verschrauben von Tübbing-ausbauten | Japan |
| Sa-nierung | • Roboter zur Inspektion von Hochhaus-fassaden | Japan<br>Großbritannien<br>Deutschland |
| | • Roboter zum Hochdruckwasserstrahlen von Wänden | Japan |
| | • Roboter zur Oberflächenbeschichtung von Großtanks | USA |
| Hochbau | • Rechnergesteuerter stationärer Beton-verteilermast | Japan<br>Deutschland |
| | • Roboter zum Nivellieren und Verdichten von Beton | Japan<br>Schweden |
| | • Autonome Systeme zum Armieren bzw. Glätten von Betonflächen | Japan |
| | • Teilautomatisierte Systeme zum Verlegen von Bewehrungen | Japan |
| | • Mauerroboter | GB / BRD |
| | • Automatisches Bausystem | Japan |

| | | |
|---|---|---|
| Tiefbau | • Autonomer Schwertransporter | Japan |
| | • Automatischer Bagger | Japan<br>Polen |
| | • Automatischer Kleinbagger | Großbritannien |
| | • Autonomer Radlader | Japan |
| | • Autonome Vibrationswalze | Japan |
| | • Roboter zum Verbohren von Eisenbahn-<br>schwellen / Verschweißen von Schienen | Niederlande<br>Deutschland |
| Ausbau | • Gerüstbauroboter | USA |
| | • Autonomer Materialtransport innerhalb<br>von Baustellen | Japan |
| | • Roboter zum Fliesenverlegen in<br>Innenräumen / Fassaden | Finnland<br>Israel, Japan |
| | • Handhabungssystem zum Anbringen von<br>Deckenverkleidungen | Japan |
| | • Teilautomatisiertes Handhabungssystem<br>zum Aufsprühen eines feuerhemmenden<br>Anstrichs | Japan |
| | • Roboter für den Außenanstrich | Japan |
| | • Roboter zum Erstellen von Bildmosaiken | Deutschland |

**Bild 3.16:**    Stand der Technik von Servicesystemen für das Baugewerbe

Sind bei einer Entwicklung mehrere Länder genannt, so wird in unterschiedlichen Ländern eine parallele Entwicklung durchgeführt. Deutlich zeigt sich dabei das breite Spektrum der Entwicklungen, die nach und nach alle Bereiche des Baugewerbes erfassen. Wie die Tabelle (Bild 3.16) deutlich zeigt, liegt der Schwerpunkt der Entwicklungen in Japan.

Die meisten der genannten Geräte befinden sich im Prototypenstadium. Einige aber, beispielsweise das autonome System zum Glätten von Betonflächen oder der Roboter für den Außenanstrich, sind bereits soweit entwickelt, daß sie als Produkte auf dem Markt erhältlich sind.

Insgesamt befanden sich nach Angaben der Japan Robot Association (JARA) 1990 bereits 436 Bauroboter auf Baustellen japanischer Unternehmen im Einsatz. Die meisten der eingesetzten Bauroboter sind Einzelplatzmaschinen, die eine jeweils eng umrissene Funktion erfüllen. Allerdings gibt es mittlerweile bereits Ansätze integrierter Systeme. So setzt beispielsweise die Firma Takenaka ein vierstufiges, vollautomatisches Betoniersystem ein, welches folgende Teilfunktionen enthält:

- Einbringen der Bewehrungen,
- Automatisches Verteilen mit einem automatischen, horizontalen Betonverteiler,
- Nivellieren und Verdichten des Betons mit einem off-line programmierten Portalsystem sowie
- Glätten des Betons mit einem automatisch navigierenden Glättroboter.

Neben der Firma Taisei entwickeln mittlerweile alle großen japanischen Baukonzerne solche integrierten Bausysteme. Erste Gebäude wurden in Japan bereits unter Anwendung dieser Systeme errichtet.

Im Gegensatz zu den japanischen Systemen befinden sich die in den europäischen Ländern genannten Geräte noch in einem frühen Entwicklungsstadium.

Der große Vorsprung Japans in der Entwicklung von Baurobotern ist vor allem darin begründet, daß es dort eine Vielzahl großer Bauunternehmen gibt, die eigene Forschungslabors betreiben, in denen verschiedene Fachrichtungen unter einem Dach arbeiten, um neue Produktionsverfahren zu erarbeiten. Ausgelöst wird diese Entwicklung durch die Befürchtung der japanischen Bauindustrie, in den nächsten Jahren nicht genügend ausgebildete Mitarbeiter zu bekommen, denn Berufe am Bau haben in Japan ein schlechtes Ansehen. Allerdings dürften sich mit der Zeit die Kriterien für die Entwicklung und den Einsatz von Baurobotern ähnlich wie in der Fertigungstechnik in Richtung Wirtschaftlichkeit und Qualität verschieben.


### 3.3.1  Abbrennstumpfschweißen

*Hersteller*:        Thormählen

*Kurzbeschreibung*: Abbrennstumpfschweißen als Technik zum Verbinden von Schienen wird seit 1950 in stationären Anlagen angewandt. Verschiedene Versuche mit mobilen Anlagen Mitte der siebziger Jahre scheiterten. Erst seit Dezember 1994 ist im Bereich der Deutschen Bahn AG eine mobile Schweißmaschine für Abbrennstumpfesschweißen im Gleis zugelassen.

Die Schweißmaschine, sie trägt die Typenbezeichnung AMS 50/200 Supraflex, besteht in ihren Grundelementen aus einem feststehenden und einem in diesem in Längsrichtung verschiebbaren Teil. In diesen beiden Teilen der Maschine werden die jeweils zu verschweißenden Schienenenden positioniert, ausgerichtet und verspannt. Nach diesen vorbereitenden Schritten wird der Abbrennstumpfschweißvorgang eingeleitet und mit dem Abscheren des Schweißwulstes beendet.

**Bild 3.17:** Abbrennstumpfschweißen von Eisenbahnschienen im Gleis

Eine sehr steif ausgeführte Konstruktion, hohe Spannkräfte und eine hinreichende Kraftreserve im mechanisch-hydraulischen Antrieb gewährleisten zufriedenstellende reproduzierbare metallurgische und geometrische Ergebnisse. Das hydraulische Antriebssystem arbeitet mit einem Betriebsdruck von 180 bar. Die zur Verfügung stehende maximale Stauchkraft beträgt unter Berücksichtigung der für das Heranziehen der zu bewegenden Schiene erforderlichen Kraft 500 kN. Die Maschine ist für einen maximalen Vorschub (Schlittenweg) von 100 mm ausgelegt. Die neben der Höhe der Stauchkraft für die Güte der Schweißung maßgebliche Größe der Vorschubgeschwindigkeit beim Einleiten der Stauchung beträgt 90 mm/sec. Sie liegt somit weit über dem als erforderlich geltenden Mindestwert von 30 mm/sec. Die elektrische Nennleistung beträgt 210 kVA. Im Gegensatz zu modernen stationären Anlagen wird AMS 50/200 Supra flex wegen der im Geleise nur schwer beherrschbaren Kriechströme mit Wechselstrom betrieben.

Zur Steuerung und Regelung dient ein ebenfalls vom Hersteller der Schweißmaschine entwickeltes Gerät mit der Bezeichnung SWEP 06, wie es auch für stationären Anlagen zu Abbrennstumpfschweißen verwendet wird. Das Gerät regelt den gesamten Schweißprozess über geschlossene Regelkreise für Kraft, Strom und Weg.

Abweichungen der mit Sensoren festgestellten Istwerte von den Sollwerten werden durch Änderung des Schlittenantriebs ausgeglichen. Als Schlittenantrieb dient eine moderne Regelhydraulik. Die Bedienung erfolgt durch direkte Dateneingabe mit Anzeige für den Bediener in Klartext und in der jeweils gewünschten Sprache. Bis zu 25 einmal erstellte Schweißprogramme können abgespeichert und bei Bedarf wieder abgerufen werden. Unmittelbar vor den Beginn des Stauchens wird die zum Heranziehen der im Schlitten eingespannten Schiene notwendige Kraft ermittelt und zur nominalen Stauchkraft addiert, so daß in jedem Fall unabhängig von äußeren Gegebenheiten mit der festgelegten spezifischen Stauchkraft geschweißt wird.

Bei dem zur Schweißeinrichtung gehörenden Zweiwegefahrzeug handelt es sich um einen serienmäßig hergestellten vierachsigen LKW, der zur Fortbewegung auf der Schiene zusätzlich über zwei Drehgestelle mit Schienenrädern verfügt. So ist ihm ein Fahren auf Straße und Gleis mit eigenem Antrieb möglich. Das Fahrzeug dient dem Transport und der Versorgung der Schweißmaschine mit der erforderlichen Energie. So trägt es alle zur Erzeugung des Schweißstroms und des Drucköls benötigten Aggregate und Hilfsgeräte sowie die Einrichtungen zum Steuern und Regeln des Schweißprozesses.

Die Schweißmaschine wird mit einem verschiebbaren und schwenkbaren Lift hinter dem Fahrzeug auf die zu verschweißenden Scheinen gehoben. Zum Transport ist der Lift mit der Schweißmaschine im Fahrzeuginneren untergebracht.


### 3.3.2 Parallel Link Manipulator für Grabarbeiten im Untergrund

*Hersteller*:        Mechanical Engineering Laboratory, AIST/MITI


*Kurzbeschreibung*: Im gebirgigen Inselstaat Japan steht nur wenig Siedlungsfläche zur Verfügung. Im Rahmen eines nationalen Forschungsprogramm soll ein neuer Siedlungshorizont für Lagerstätten und Industrieanlagen in Tiefen unterhalb von 50 Meter unter der Oberfläche geschaffen werden.

Teil dieses Programms ist die Entwicklung eines automatischen Roboters für Grabarbeiten im Untergrund, der in der Lage ist, Hohlräume von 100 Meter im Durchmesser und 30 Meter Höhe zu schaffen. Die Werkzeuge des Grabroboters sollen von einem Parallel Link Manipulator geführt werden.

**Bild 3.18:**    Parallel Link Manipulator für Grabarbeiten im Untergrund

Ein Parallel Link Manipulator besteht aus zwei Plattformen, die durch mehrere Streben, in diesem Fall sechs, mit einander verbunden sind. Die obere Plattform ist üblicherweise frei beweglich und wird als Endeffektor bezeichnet. Die Bodenplattform wird als feststehend angesehen und Basis genannt. Abweichend von der üblichen Stewartplattform, bei der die Ansatzpunkte der Verbindungsbeine auf Basis und Endeffektor Kreise um deren Mittelpunkte bilden, liegen in dieser Konfiguration die Angriffspunkte auf zwei konzentrischen Kreisen um das Zentrum der Plattformen. Diese Anordnung erlaubt es, die Übertragung von Kräften und Momenten durch den Endeffektor so isotrop wie möglich zu gestalten. Jede der Verbindungen wird durch einen 3 Watt Gleichstrommotor über ein Getriebe, Ritzel und Zahnstange bewegt. Die Beine sind jeweils mittels einer Aufhängung

mit zwei Freiheitsgraden mit der Basis verbunden. Die Verbindung zum Endeffektor bildet ein Universalgelenk. Die Strebe kann nahe dem Angriffspunkt an
die bewegliche Plattform auch um ihre Längsachse rotieren. Zusammen mit dem
Universalgelenk entsteht so eine Kinematik ähnlich der eines Kugelgelenks am
Verbindungspunkt zwischen Strebe und Endeffektor. Die Länge der Beine wird
mit einer Genauigkeit von 0,007 mm gemessen. Da es äußert kompliziert und
aufwendig ist, Ort und Lage des Endeffektors aus der Länge der sechs Verbindungen zu errechnen, befindet sich in einer siebten Strebe in der Mitte der Plattformen ein serieller Manipulator. Aus sechs Meßwerten, die seine Stellung reprä-
sentieren, läßt sich leicht die Position und die Orientierung des Endeffektors bestimmen.

Zur Steuerung dieses Prototyps eines Parallel Link Manipulators wurde ein auf
einem PC beruhendes Kontrollsystem entwickelt. Es besteht vor allem aus dem
PC als Host-Rechner und drei Einkartenrechnern, von denen jeder zwei An-
triebsmotoren steuert.

Der mit dem Endeffektor zu erreichende Arbeitsraum hat etwa die Gestalt eines Kugelabschnitts. Seine Größe ist abhängig von der Geometrie des Manipulators, der möglichen Längenänderung der Verbindungen und den Beschränkungen
der Gelenke.


### 3.3.3  HYDRA II / HYDRA III

*Hersteller*:        Universität Hannover

*Kurzbeschreibung*: Die Trägersysteme HYDRA sind für die Durchführung von
unterschiedlichen technischen Arbeiten an vertikalen und geneigten Oberflächen
konzipiert. Die Haftung an den Oberflächen erfolgt durch Sauggreifer. Das
Zweikreis-Vakuum-Greifersystem wird mittels Sensoren kontrolliert. Die Fortbewegung erfolgt über Pneumatikzylinder und elektrische Antriebe. Die Trägersysteme werden durch eine Computersteuerung überwacht, welche auch den Ablauf der Fortbewegung regelt.

Die wesentlichen Einsatzgebiete sind Handhabungen in extremen Umgebungen, wie zum Beispiel in kerntechnischen oder chemischen Anlagen, an
hohen Gebäuden und in der Schiffbauindustrie.

Mögliche Aufgaben sind Reinigen, Anstreichen, Bohren, Dübel setzen, Montieren, Schneiden, Schweißen, Transport von Lasten sowie Inspektion und Wartung. Hierbei sind vorrangig die Ausführung von radiologischen Messungen, die
Durchführung von Wischtests und die Oberflächeninspektion mit Hilfe von
Kameras und Ultraschallsensoren zu nennen.

Das erforderliche technische Material und Werkzeug wird auf dem
Trägersystem installiert. Die Arbeiten können während der Bewegung oder bei
Stillstand des Systems ausgeführt werden.

**Bild 3.19:**   HYDRA II

*Technische Daten*:
HYDRA II

| | |
|---|---|
| Nutzlast: | 50 kg (max. 100 kg) |
| Gewicht: | 38 kg |
| Länge: | 1120 mm |
| Breite: | 560 mm |
| Höhe: | 430 mm |

HYDRA III

| | |
|---|---|
| Nutzlast: | 5 kg |
| Gewicht: | 7 kg |
| Länge: | 540 mm |
| Breite: | 430 mm |
| Höhe: | 180 mm |

### 3.3.4  T-UP

*Hersteller*:   Taisei

*Kurzbeschreibung*: T-UP ist ein automatisches Bausystem, das selbständig, das heißt ausschließlich mechanisch, Gebäude von großer Höhe in Stahlbauweise errichtet. Die schmutzigen, schweren und gefährlichen Arbeiten beim Aufrichten und Verbinden der Stahlträger werden vollständig von der Maschine übernommen.

**Bild 3.20:**    T-UP

Der Aufbau der oberirdischen Gebäudeteile beginnt mit dem Errichten der Stahlkonstruktion des Gebäudekerns, zu einer Höhe von sieben Stockwerken. Acht Leitsäulen sind an den Seiten der Kernkonstruktion montiert. Sie dienen dem Anheben der Produktionsplattform und enthalten hydraulische Hebewerkzeuge, die Lasten bis zu 300 t bewegen können.

Die oberste Decke des Gebäudes, die während der Bauzeit als Produktionsplattform Verwendung findet, wird ebenerdig gefertigt. Zwei Kräne und Schweißroboter, die zum Weiterbau des Kerns dienen, werden auf ihr montiert. Darüber wird ein wetterfestes Dach errichtet. Die Plattform wird etwas angehoben, um an ihrer Unterseite zwei Laufkräne zu befestigen, mit deren Hilfe die weiteren Gebäudeteile montiert werden.

Nun wird die Produktionsplattform in ihre Arbeitsposition gehoben. Mit den Kränen über der Plattform wird der Gebäudekern weitergebaut, mit den Kränen darunter werden den Robotern, die alle anderen Gebäudeteile errichten, vorgefertigte Bauteile zugeführt. Ist eine Etage fertiggestellt, schiebt sich die Plattform entlang des erhöhten Kerns um ein Stockwerk nach oben.

Zur gleichen Zeit arbeiten Roboter am Fundament und führen dort die notwendigen Aushub- und Fundamentarbeiten durch.

Ist die oberste Etage komplett montiert, werden die Laufkräne unter der Produktionsplattform entfernt. Das wetterfeste Dach über der Produktionsstätte wird ebenfalls demontiert. Die Plattform wird nun abgesenkt und bildet jetzt das Dach des Gebäudes. Nach dem Entfernen der überstehenden Teile des Gebäudekerns werden auch die Kräne auf der Oberseite der Produktionsplattform abgebaut.

Verschiedene Unterstützungstechnologieen sind für das T-UP System wichtig. Eines der wesentlichsten Hilfsmittel ist das System, das den Ablauf der Konstruktion des Stahlskeletts überwacht. Dieses System benützt Computergraphiken, um Informationen als dreidimensionale Bilder darzustellen. So ist das Gebäude leicht aus verschiedenen Perspektiven zu betrachten. Aus einem Übersichtsbild lassen sich Einzelheiten vergrößern, auch lassen sich Innenansichten der Struktur oder das Innere eines einzelnen Stockwerks darstellen.

Seine Informationen bezieht das System, das auch zum Entwurfes Bauwerks benützt wird, aus den eingegebenen Plänen, den Sensoren der Bauwerkzeuge und vom Überwachungspersonal, das die Daten über der Stand der Arbeiten in Handterminals eingibt. Die Rechner des leistungsfähigen Datennetzes ermitteln auch für jeden einzelnen Stahlträger den Zeitpunkt, zu dem er eingebaut wird und senden eine entsprechende Nachricht mit der jeweiligen Fertigungsanweisung an den Hersteller, so daß die Lieferung zur rechten Zeit erfolgt.

Der Einsatz modernster Technologien, "just in time" - Lieferung der Materialien und die Bautätigkeit unter einem schützenden Dach, das den Fortgang der Arbeiten wetterunabhängig macht, führen zu einer um 30% kürzeren Bauzeit als mit herkömmlichen Hochbaumethoden beim Errichten des oberirdischen Gebäudes.


### 3.3.5  Binden von Armierungsgeflecht

*Hersteller*:        Taisei


*Kurzbeschreibung*: Die weite Verbreitung von vorgefertigten Stahlbetonteilen im Hochbau erfordert eine rationelle industrielle Fertigung dieser Elemente. Der Bau von Schalungen und Formen, das Einbringen und Verbinden der Stahlverstärkungen erfordert ebensoviel Handarbeit wie das Einfüllen und Verdichten des Betons. Teilbereiche dieses Produktionsablauf lassen sich automatisieren. Die

Armierungen für Betonträger, bestehend aus mehreren längs laufenden starken Baustahlstangen und etwas schwächeren quergebundene Verbindungen, wurden bisher manuell gefertigt. Ein Handwerker verband mit Zange und Stahldraht die Eisenteile, während ein oder auch zwei Helfer den Armierungsstahl in der richtigen Lage hielten. Diese zeitaufwendigen und mit Verletzungsgefahren verbundenen Arbeiten lassen sich mit einem Roboter der Firma Taisei, der das Binden dieser Armierungsgeflechte übernimmt, schneller erledigen. Der Herstellungsprozeß wird von einem einzigen Arbeiter kontrolliert. Dieser Roboter ist Teil eines größeren Projektes mit dem Ziel, die Fertigung von Stahlbetonteilen weitgehend zu automatisieren.

**Bild 3.21:**    Binden von Armierungsgeflecht

Die Armierungsstangen, die einen Durchmesser zwischen 19 mm und 25 mm haben können, werden in die Greifer des Roboters eingelegt. Das Magazin für die Querverbindungen wird mit U-förmig gebogenen Baustahlabschnitten entsprechender Länge befüllt. Dabei können Stähle mit einem Durchmesser von 10 mm bis 16 mm  verwendet werden. Das Magazin wird in den Automaten eingesetzt, das entsprechende Programm ausgewählt und der Bindevorgang gestartet. Der Roboter bewegt sich vorwärts, setzt die Querverbindungen an den vorbestimmten Stellen auf die oberen Armierungsstäbe und  bindet sie mit Draht, den er auf einer Rolle mit sich führt, fest. Jeder Bindevorgang dauert nur vier Sekunden. Sind alle Querverbindungen an den oberen Armierungsstäben befestigt, werden die unteren Stahlstangen gegriffen und in ihre Position gebracht. Nun bewegt sich der Roboter automatisch rückwärts und stellt die Verbindungen an der Unterseite des

Armierungswerkes her. Sind alle Verbindungen gebunden, wird dies dem Bediener signalisiert. Die Stahlbewehrung kann nun als Ganzes entnommen und in eine Schalung oder Form eingesetzt werden.

### 3.3.6 SMART

*Hersteller*:        Shimizu

*Kurzbeschreibung*: Ziel des SMART-Systems (Shimizu Manufacturing system by Advanced Robotics Technolgy) ist es, den Einsatz von menschlicher Arbeit zu verringern, die Arbeitsbedingungen zu verbessern und die Bauzeiten zu verkürzen. Zu diesem Zweck wurde ein integriertes, automatisches Konstruktionssystem geschaffen, das weitgehend selbstständig Hochhäuser errichten kann.

Das Herz von SMART besteht aus dem Hebemechanismus und den automatischen Transportsystemen, die an einer Arbeitsplattforn montiert sind. Diese Plattform bildet nach Abschluß der Arbeiten die oberste Decke des Gebäudes. Der gesamte Arbeitsbereich ist überdacht und durch seitliche Wände vor widrigem Wetter geschützt. Das Bausystem errichtet und verschweißt Stahlträger selbsttätig zu Konstruktionen.

Betonteile wie Deckenplatten, Teile von Außen- und Zwischenwänden werden mittels der Transporteinrichtungen automatisch an den vorbestimmten Stellen plaziert und von Automaten befestigt. Die vorgefertigten Stahl- und Stahlbetonteile, die extensiv eingesetzt werden, sind mit speziellen Verbindungen ausgestattet, die eine einfache, von Robotern ausgeführte Montage ermöglichen. Schweißarbeiten werden ebenfalls von Robotern vorgenommen, die auch das Ergebnis ihrer Arbeit sensorisch prüfen. Der Zusammenbau wird von einem Rechner überwacht, so daß die Konstruktionsarbeiten weitgehend automatisiert sind. Ist ein Stockwerk fertiggestellt, wird die gesamte Produktionsanlage um eine Etage angehoben, und das Robotersystem beginnt seine Tätigkeit von Neuem. Dieser Vorgang setzt sich fort bis das Gebäude vollständig errichtet ist.

Der Hebemechanismus besteht aus vier runden Stahlsäulen. Eine Etage über ihrem unteren Ende befinden sich jeweils drei Hydraulikzylinder. Diese können die Tragesäulen mit der darauf ruhenden Produktionsplattform anheben. Mit einem einzigen Hub sind Höhen von annähernd 4 m zu erreichen. Sind die Türme um die Höhe eines Stockwerks angehoben, wird ihr unteres Ende im Trägerwerk der darüberliegenden, zuvor errichteten Etage verstrebt. Die Hydraulikwerkzeuge werden ebenfalls um ein Stockwerk nach oben verfahren, so daß sie sich wieder eine Etage über der Basis der Tragetürme befinden. Die Hebevorrichtung bewältigt Lasten bis zu 1200 t. Die benötigte Zeit, um die Produktionsebene um eine Etage nach oben zu verlegen, beträgt 1,5 Stunden.

**Bild 3.22:**    Automatisches Transportieren und Einbauen von Stahlsäulen

Das Verschweißen der Stahlsäulen miteinander sowie die Schweißverbindungen zwischen Säulen und Trägern werden von Robotern durchgeführt. Der Einsatz der Roboter setzt automatengerechte Verbindungsstellen voraus. Die Situation der Verbindungsstelle wird mit einem Lasersensor untersucht, der Schweißvorgang ausgeführt und die fertiggestellte Verbindung kontrolliert. Das Roboterwerkzeug ist kompakt und mit 19 kg leicht, seine Handhabung einfach. So ist es einem einzelnen Monteur möglich, zwei bis drei Roboter gleichzeitig zu bedienen. Geschützt in der Produktionshalle können Schweißarbeiten auch bei Regen durchgeführt werden.

Die vorgefertigten Wand- und Deckensegmente enthalten alle nötigen Installationen. So sind in einem Teilstück der Außenwand nicht nur die Fenster eingesetzt, sondern auch die Sonnenschutzeinrichungen und die Klimaanlage.

Zur Steuerung der vielfältigen Produktionsabläufe ist ein rechnergestütztes Führungssystem unerläßlich. Es existiert ein Produktionskontrollsystem, das die Fertigungsanwiesungen für das Gebäude enthält, den Fortgang der Arbeiten protokolliert und ihren Stand anzeigt. Unterschiedliche Systeme wie die zur Qualitätskontrolle, zur Arbeitssicherheit, der Datenerfassung, zur Einsatzplanung der verschiedenen Fertigungseinrichtungen, zur Arbeitsvorbereitung und zur Koordination der Gesamtkonstruktion sind mit einander verknüpft.

### 3.3.7  Roboter zum Fliesen von Fassaden

*Hersteller*:        Hazama

*Kurzbeschreibung*: Angesichts der Notwendigkeit, Betonoberfächen dauerhaft vor Wetter und Umwelteinflüssen zu schützen und ihr Aussehen zu verbessern, ist das Fliesen von Gebäudewänden in Japan sehr beliebt. Wandkacheln, die üblicherweise an Außenwänden verlegt werden, sind 227 mm lang, 60 mm breit und zwischen 8 mm und 15 mm dick.

Das Anbringen der Fliesen erfordert vom Fliesenleger großes handwerkliches Geschick. Die Zahl der erfahrenen Fliesenleger ging aber zurück und verringert sich weiter, obwohl die Nachfrage nach gefliesten Flächen steigt.

Um die Qualität und Effizienz des Verlegevorgangs zu verbessern, wurde ein Verlegeroboter entwickelt. Zu Beginn des Entwicklungsprozesses wurde hierfür ein Konzept zur automatischen Fließenverlegung entworfen und die unverzichtbaren Funktionen festgelegt. Aus diesem Konzept wurde ein erster Prototyp entwickelt und seine Benutzbarkeit getestet. Hier wird ein weiterentwickelter Typ vorgestellt. Gegenüber dem ersten Entwurf wurden seine Beweglichkeit und Handhabung verbessert. Seine Abmessungen wurden um 80 %, sein Gewicht um 40 % reduziert, während die Produktivität um 50 % gesteigert werden konnte. Die Bedienung des Automaten wurde so vereinfacht, daß auch Bediener ohne spezielle Ausbildung nur durch betätigen des EIN/AUS-Schalters mit dem Verlegesystem arbeiten können. Zur Bedienung der Vorgängerversion des Verlegeroboters waren einige Computeranwendungen erforderlich, mit denen die Fliesenleger nicht vertraut waren.

Die Führungsschienen für die horizontale Bewegung  des Fliesenroboters sind an ein Baugerüst montiert, das mit Dübeln und Ankerbolzen an der Gebäudewand fixiert ist. Im Bereich dieser Befestigungen kann der Verlegeroboter nicht arbeiten, so daß weiterhin ein ausgebildeter Handwerker für diese Tätigkeiten erforderlich bleibt.

**Bild 3.23:**    Roboter zum Fliesen von Fassaden

Am Verlegeroboter befindet sich ein Mörteltrichter, der 5 Liter fast. Dieses Volumen ist ausreichend, um 50 Fliesen zu befestigen. Die Mörtelkelle bringt eine genau dosierte Menge Mörtel auf der Rückseite der Fließe auf. Ein Bediener bestückt den Fliesenhalter laufend mit Kacheln.

Die Halteeinheit transportiert die Fliesen, und die Verlegeeinheit plaziert eine Fliese neben der anderen auf der Betonoberfläche. Die Verlegeeinheit hat einen elektrisch betriebenen Vibrator, der für eine gute Verbindung zwischen Mörtel, Wand und Kachel sorgt. Angepreßt wird die Fließe durch Druckluft. Ein Druckmesser sorgt für immer gleichen Anpreßdruck und stellt so sicher, daß die Stärke des Mörtels unter allen Kacheln gleich ist.

Die Verlegeanweisung ist in der Steuereinheit des Geräts abgelegt. Der Fliesenleger gibt die Anzahl der Kacheln in einer Reihe, die Verlegeorientierung, die Fugenbreite, den Abstand der Dehnfugen und weitere Angaben ein. Der Verlegeroboter ist mit einem System zur Fehlererkennung ausgerüstet. Beim Auftreten eines Fehlers wird der Verlegevorgang unterbrochen und der Fliesenleger über den Grund der Unterbrechung informiert.

In einem Außenversuch wurde ein Vergleich mit einem versierten Fliesenleger durchgeführt. Der Roboter verlegte, bedient von einer angelernten Kraft, mit 14 m$^2$/Tag doppelt so viele Fliesen wie der Facharbeiter, wobei die vom Roboter verlegten Fliesen exakter in ihren Positionen waren.

### 3.3.8  Automatisches Erstellen von Bildmosaiken

*Hersteller*:      FhG IPA

*Kurzbeschreibung*: In modernen Bauwerken ist zu beobachten, daß immer weniger kreative Bildmosaike eingesetzt werden. Die Gründe hierfür liegen im hohen Arbeitsaufwand und den damit verbundenen hohen Kosten. Ein am Fraunhofer-Institut für Produktionstechnik und Automatisierung (FhG IPA) entwickeltes System automatisiert diese Arbeiten. Mit diesem System können Bildmosaike aus einer beliebigen 2- oder 3-dimmensionalen Vorlage erstellt werden. Durch den Einsatz eines Farbbildverarbeitungssystems können auch Livebilder (z. B. Porträts) aufgenommen und als Bildmosaik wiedergegeben werden.

Das System besteht aus einem Handhabungsgerät (Industrieroboter) mit Greifersystem, einem Bildverarbeitungssystem, einem Zellenrechner (herkömmlicher PC), einem Klebesystem, einem Farbmonitor zur Wiedergabe der Vorlage und einem Vorratsmagazin, in dem die zur Verfügung stehenden verschiedenfarbigen Mosaiksteine bereitgestellt werden. Neben quadratischen können mit dem System auch runde Mosaiksteine verarbeitet werden. Die Größe des Bildmosaiks und der Fugenabstand sind frei wählbar.

Die Vorlage oder das Livebild wird mit dem Bildverarbeitungssystem aufgenommen, anschließend dem Zellenrechner übergeben und auf dem Farbmonitor dargestellt. Der Bediener legt die Ausgabegröße des Bildes, die Mosaikgröße und den Fugenabstand fest, des weiteren legt er auf dem Monitor den Bildausschnitt fest.

Das Farbbildverarbeitungssystem teilt den gewählten Bildausschnitt der Größe der Mosaiksteine entsprechend in Teilabschnitte ein. Zu jedem Teilabschnitt wählt das System den am besten passenden Farbton aus den vorhandenen Mosaikfarben aus und stellt das Bild auf dem Monitor dar. Der Bediener kann die Farbe einzelner Steine verändern, um das Bild künstlerisch auszugestalten.

Sind diese Vorarbeiten abgeschlossen beginnt der Roboter mit der Verlegearbeit. In Zellenrechner werden die Bahnkoordinaten für das Handhabungsystem berechnet und an die Robotersteuerung übergeben. Der Roboter entnimmt ein

Mosaik aus dem Magazin, wobei der Mosaikstein mit Klebstoff benetzt wird, und legt ihn auf dem Träger ab. Die Positionen von Träger und Magazin sind frei konfigurierbar. Der Legezyklus wird solange fortgesetzt, bis das Bildmosaik fertiggestellt ist.

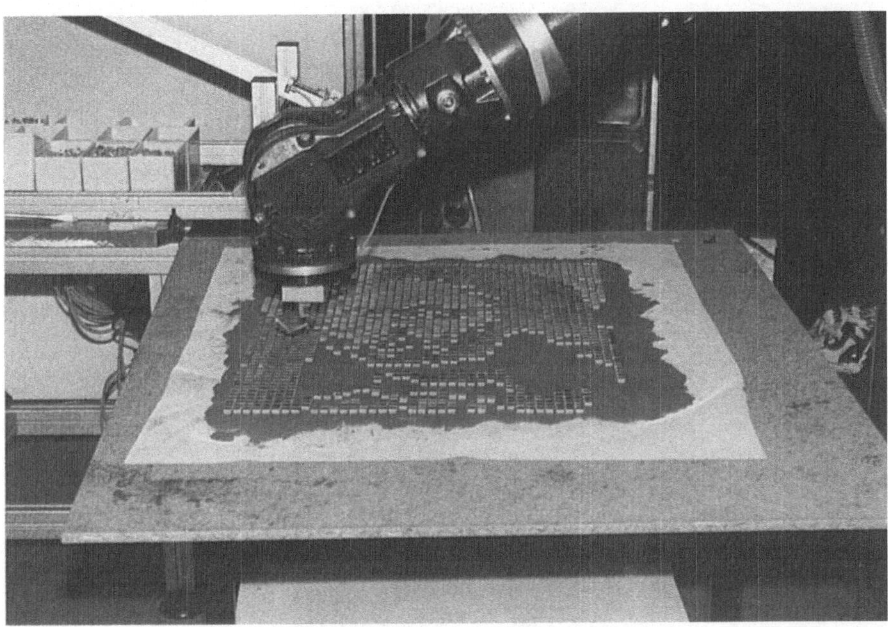

**Bild 3.24:**    Automatisches Erstellen von Bildmosaiken

### 3.3.9  Self Mobile Space Manipulator (SM$^2$)

*Hersteller*:        Carnegie Mellon University

*Kurzbeschreibung*: Einfache, zuverlässige Roboter sind in der Lage, die Produktivität von Astronauten in ihrer Raumstation zu steigern und Menschen bei ermüdenden und gefährlichen Aufgaben zu ersetzen. Roboter können im Gegensatz zu Menschen schnell und ohne lange Vorbereitungszeit Aufgaben außerhalb des Fahrzeugs übernehmen und benötigen auch keine hochtechnisierten Überlebenseinrichtungen.

Das führte zur Entwicklung eines leichten, mobilen Roboters für Anwendungen im Weltraum. In einem Experiment, in dem die Schwerelosigkeit simuliert wurde, konnte sich der Roboter im Gerüst eines Raumstationsmodell bewegen. Dabei trug er eine Kamera und Lampen, transportierte Teile und Werkzeuge und erledigte einfache Handhabungen. Weil er die Funktionen der Bewegung und

Handhabung in sich vereint, wird er als "Self Mobile Space Manipulator" bezeichnet.

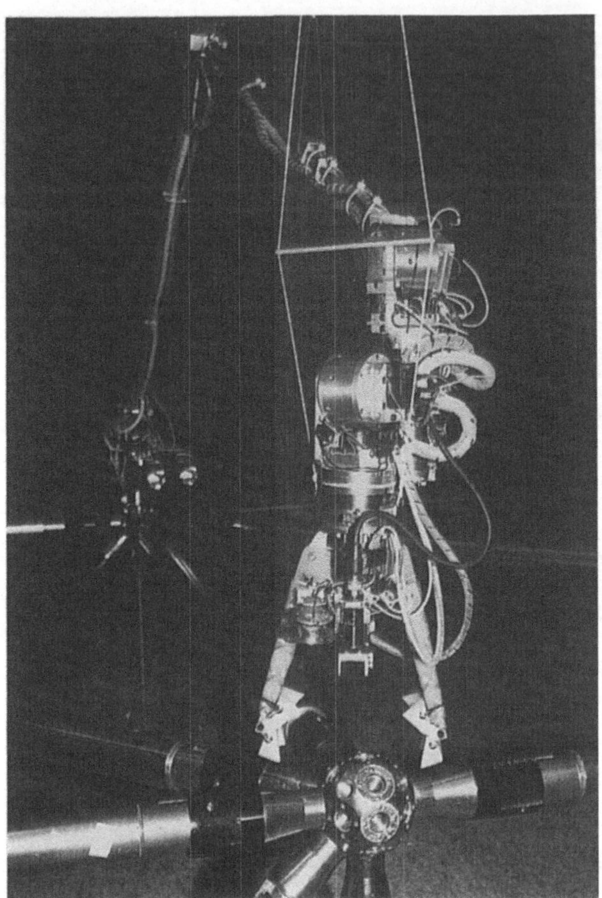

**Bild 3.25:**   SM$^2$

SM$^2$ basiert auf einem einfachen Arm mit fünf Gelenken, der sich von Knoten zu Knoten des Gerüsts der Station bewegt. Jedes der fünf Gelenke enthält einen Gleichstrommotor, ein Getriebe und einen Positionssensor.

An jedem Ende des Roboters befindet sich eine Haltevorrichtung mit einer motorbetriebenen Schraube, die sich in die Gewinde der Knoten eindrehen kann, so daß der Arm dort befestigt ist. Neben jeder der beiden Befestigungsschrauben befindet sich ein mit zwei weiteren Gelenken versehener Greifer. Es steht also eine mit sieben seriellen Gelenken ausgerüstete Anordnung zur Durchführung allgemeiner Handhabungsaufgaben zur Verfügung. Kleine Videokameras mit

Lichtquellen sind direkt an die Greifer montiert und übertragen die Ansicht des Arbeitsgebietes zum Bediener oder ermöglichen es, über ein Bildverarbeitungssystem automatisch das Ziel zu erfassen. Eine weitere Kamera an der Basis, die mit zwei weiteren Gelenken befestigt ist, erlaubt eine Gesamt- und Lagekontrolle.

Das Kontrollsysten für die Bewegung des SM$^2$ im Raum umfaßt den Kontrollrechner und das Operationssystem, Kontrollstationen mit unterschiedlichen Schnittstellen, die hierarchische Kontrollstruktur und Strategien zur Bewegung und Handhabung. Während sich der Roboter fortbewegt, berechnet das hierarchische System die Bewegungsbahn, optimiert die Kontrollparameter und überwacht die Bewegungsabläufe. So ist es dem Roboter möglich, sich selbständig fortzubewegen. Zeitgleich wird das Verhalten des Automaten in der Kontrollstation graphisch dargestellt. Von dort aus ist auch die Handsteuerung des Roboters möglich.

Der Roboter besitzt ein auf neuronalen Netzen basierendes Bildverarbeitungssystem, das die Kontengreifer während des Gangs durch das Gerüst der Raumstation in ihr Ziel führt. Eine Kamera, die am Knotengreifer angebracht ist, vermittelt einen Eindruck der anvisierten Knoten. Dieser Eindruck wird von einen neuronalen Netz verarbeitet. Mit einer Bildfolge von 15Hz wird eine Genauigkeit von etwa 0,2 mm erreicht. Alternativ steht ein Endpunktdedektor aus einem Feld von acht Leucht-/ Photodioden zur Verfügung. Die Reflexionen des gepulsten Leuchtdiodenlichts von der Oberfläche des Verbindungsknotens wird zur Zielfindung eingesetzt.


### 3.3.10 Load Balancer

*Hersteller*:        Shimizu

*Kurzbeschreibung*: Im allgemeinen werden im Baubereich Kräne eingestzt, um Stahlträger und ähnlich schwere Lasten zu befördern und zu montieren. Werden solche Arbeiten im Untergrund in Angriff genommen, sind Kräne nicht oder nur eingeschränkt einsetzbar. Deshalb wurde die Handhabungsmaschiene LB2500S entwickelt, die es ermöglicht, schwere Eisenträger, Armierungen oder Schalungen anzuheben, zu transportieren und zu installieren.

Zum Bau eines solchen Gerätes wurde ein hydraulisches System entwickelt, das Lasten im Gleichgewicht halten kann. Schwere Lasten bis zu 2,5 t lassen sich damit manuell über einen Steuerknüppel in alle Richtungen dirigieren. Diese Entwicklung führte zu einer sehr kompakten Konstruktion, wobei vor allem auf geringe Bauhöhe geachtet wurde, so daß ein Transport von Lasten auch an Stellen geringer Höhe wie zum Beispiel unter eingebauten Stahlträgern möglich ist. Zum Transport in engen Stollen werden die Stahlträger in Fahrtrichtung gedreht. Um eine Bewegung auch auf schwierigem Untergrund zu ermöglichen, besitzt das System ein Fahrwerk mit Raupenketten.

Der Antrieb erzeugt eine Kraft des gleichen Betrags und in entgegengesetzter Richtung wie die Gewichtskraft der Last in ihrem Schwerpunkt. Der Angriffs-

punkt der Haltekraft liegt senkrecht unter dem Schwerpunkt der Last. Wirkt eine
kleine zusätzliche Kraft senkrecht nach unten auf die Last, so verschiebt sich die
Haltevorrichtung in Richtung des Angriffspunktes der zusätzlichen Kraft und
stellt so das Gleichgewicht wieder her. Es bewegt sich nur die Haltevorrichtung,
die Last verbleibt am Ort. Die Kraft zum Tragen und Verschieben der Last kann
durch elektrische Antriebe, Druckluft oder hydraulischen Druck bereitgestellt
werden. Beim derzeitigen Stand der Entwicklung eignet sich für das Handhaben
schwerer Lasten von über einer Tonne nur eine entsprechende Hydraulik.

Das hydraulische System zum Balancieren schwerer Lasten benötigt ein auf-
wendiges, rechnergestütztes Bedienungs- und Kontrollsystem. Neben dem eigentlichen Rechner sind ein äußerst genaues und schnellen Signalverarbeitungssystem,
eine Steuerung, um eine konstante axiale Kraft in den Antriebszylindern aufrecht
zu erhalten, und Steuerungsprogramme um den angemessenen Zylinderdruck zu
erzeugen, notwendig. Zahlreiche Druck- und Lagesensoren sowie Steuerventile
vervollständigen die hydraulische Anlage.

**Bild 3.26:**    Load Balancer LB2500S

Das System erlaubt es, Stahlträger oder andere schwere Gegenstände manuell zu
bewegen. Lasten bis 2500 kg können wie eine Last von nur 10 kg bewegt werden.
Alle größeren Haltekräfte werden vom hydraulischen System aufgebracht. Auch
schwerste Lasten können mit der Hand in ihre Einbaulage gebracht werden.

Da die Maschine mit schweren und langen Trägern umgeht, wurden umfangreiche Sicherheitsvorkehrungen entwickelt. So werden Bewegungen, die zu einer

gefährlichen Situation führen, blockiert. Fällt die Druck- oder elektrische Versorgung aus, verharrt die Last in ihrer augenblicklichen Lage.

In einem Testeinsatz konnte das System seine Überlegenheit gegenüber einem System mit Kran beweisen. Die Leistung beim Einbau horizontaler Träger lag um 50 %, die schräger Streben um 300 % bis 400 % höher.

Zukünftige Entwicklungen gelten dem Entwurf von Adaptern, um andere Lasten als Stahlträger handhaben zu können, der Verbesserung des Endeffektors und der Geräuschminderung.

### 3.3.11 Roboter zum Aufsprühen eines feuerhemmenden Anstrichs

*Hersteller*:　　　Shimizu

*Kurzbeschreibung*: Auf tragende Stahlkonstruktionen in Gebäuden wird zum Feuerschutz eine Mischung aus Steinwolle und Zementmilch aufgesprüht. Mit dem Aushärten des Materials entsteht eine harte Schicht, die durch ihre geringe Wärmeleitfähigkeit, zum Beispiel im Fall eines Brandes, die Stahlträger einige Zeit vor zu hohen Temperaturen schützt und so deren Standfestigkeit bewahrt.

Eine Serie von Aufgaben, vom Spritzen der Steinwolle bis zur Bodenreinigung, werden von zwei Robotern in Zusammenarbeit übernommen. Beide Systeme werden von einem einzigen Bediener überwacht.

Die Firma Shimizu entwickelte dieses Paar von Robotern, das die schmutzige und gesundheitsgefährdente Arbeit des Aufspritzens der Steinwollemischung und die anschließende Reinigung des Bodens von heruntergefallenem Spritzmaterial übernimmt

Der Sprühroboter SSR-2 besteht aus einer selbstfahrenden Plattform, einem Manipulatorarm, der das Sprühwerkzeug führt und einer Unterstützungseinheit, die den Roboter durch entsprechende Leitungen mit Steuerdaten, elektrischem Strom, Druckluft, Steinwollfasern und Zementmilch versorgt.

Die Plattform des Roboters teilt sich in zwei Hauptgruppen: ein Fahrgestell mit vier Rädern und verschiedenen Einheiten zum Antrieb und zum Einhalten der Fahrspur sowie einen Sensor, um die zurückgelegte Distanz zu messen, und einem Standgestell mit vier Auslegern, die sich auf dem Boden abstützen können, so daß das Fahrzeug sicher steht. Fahrgestell und Standgestell sind in ihrer Mitte drehbar miteinander verbunden. Stützt sich das Standgestell auf dem Boden ab, kann sich das Fahrgestell unter ihm drehen, sind die Ausleger angehoben, kann der obere Teil der Plattform gedreht werden.

Der Manipulatorarm, der sich mit sechs Freiheitsgraden bewegen kann, wird elektrohydraulisch angetrieben. Ein Sensor zur Abstandsmessung befindet sich am Ende des Roboterarms und stellt sicher, daß der richtige Abstand zum behandelten Träger eingehalten wird. Gesteuert werden die Sprühbewegungen von einem vorgegebenen Programm.

**Bild 3.27:**    Roboter zum Aufsprühen eines feuerhemmenden Anstrichs

Der Roboter fährt selbständig in eine zum Ausführen seiner Aufgabe geeignete Position, wobei die Möglichkeit sein Fahrwerk zu drehen ausgenützt wird. Mit seinen Sensoren orientiert er sich relativ zu den Objekten, die er behandeln soll. Ist die Arbeitsposition erreicht, wird nach dem festgelegten Programm die Schutzschicht aufgetragen. Danach fährt der Automat in seine nächste Arbeitsposition.

Die Arbeitsgeschwindigkeit des Roboters ist doppelt so groß wie die eines Handwerkers, wobei - aufgrund der hohen Präzision des Roboters und der sehr konstanten Versorgung mit Steinwolle - eine nahezu gleiche Verteilung der Schichtdicke wie beim Aufsprühen von Hand erreicht wird.

Der Umgang mit Steinwolle und ähnlichem Mineralfasermaterial gilt als äußerst gesundheitsgefährdend, und wird von den Arbeitern nur sehr ungern übernommen, da die Arbeit mit einer als hinderlich empfundenen Atemschutzmaske auszuführen ist. Die feuchte Mischung aus Steinwolle und Zementmilch die aufgespritzt wird, stellt gegenüber den bei Reinigungsarbeiten durch Schrubben und Schleifen entstehenden Stäuben aus feinen Faserbruchstücken, die geringere Gefährdung dar. So lag es nahe, gerade auch diese Arbeiten einer Maschine also einem weiteren Roboter zu übertragen.

Dieser zweite Roboter reinigt nach dem Aufspritzen des feuerhemmenden Anstrichs den Boden. Es handelt sich um ein batteriebetriebenes selbstfahrendes

System, das ausgestattet mit entsprechendem Arbeitsgerät den Boden bürstet, schleift und das lose Material anschließend aufsaugt. Ein feines Filtersystem hält dabei auch feinsten Staub zurück. Der Roboter bewegt sich in einem vorgegebenen Gebiet mit Hilfe eines Kreiselsensors und Ultraschallsensoren.

Seine Reinigunsarbeit erledigt der Roboter acht mal schneller als zwei Reinigungskäfte, wobei das Ergebnis der manuellen Arbeit gleichwertig ist.

### 3.3.12 Anstreichen von Außenwänden

*Hersteller*:        Taisei

*Kurzbeschreibung*: In Japan wurden die ersten Fassadenroboter bereits Anfang der achtziger Jahre entwickelt und zum Einsatz gebracht. Bemerkt werden muß, daß diese Geräte fast ausnahmslos von den technischen Abteilungen der großen Bauuntermehmen oder ihren Baumaschinenlieferanten entwickelt wurden und nicht von Dienstleistungsunternehmen oder Reinigungsgeräteherstellern. Dies war bedingt durch den definierten Einsatzbereich der Geräte, die zum größten Teil nur auf den von einer Firma erstellten Großgebäuden zum Einsatz kamen.

**Bild 3.28:**    Anstreichen von Außenwänden

Einer der Ersten war der "Exterior Wall Painting Robot" von Taisei. Dieser Roboter wurde für den Farbauftrag auf die 100 000 m² große Fassadenfläche des 220 Meter hohen Shijuku Center Building in Tokio entwickelt und eingesetzt.

Zwar wurde dieser Roboter nur für dieses eine Gebäude konzipiert und kommt auch nur auf demselben zum Einsatz, so ist er aber trotzdem wirtschaftlicher als der vergleichbare manuelle Aufwand. In der Zwischenzeit befinden sich bei verschiedenen Baumaschinenherstellern und Baufirmen in Japan leichtere und vielseitigere Roboter für Fassadenarbeiten in der Entwicklung und werden zum Teil schon eingesetzt.

Der 1,5 Tonnen schwere Roboter von Taisei wird auf Schienen geführt, die in der Bauphase des Gebäudes zwischen den Fassadenelementen verlegt wurden. Er ist mit acht Spraydüsen für die Farbverteilung ausgerüstet und erreicht bei einer Stundenleistung von 100 m² eine gleichbleibende Qualität des Anstrichs auch bei unregelmäßigen und stark strukturierten Oberflächen. Ein während des Arbeitsvorgangs vorgeschobenes Verdeck verhindert die Emission von Farbpartikeln in die Umgebung. Distanz- und Oberflächenkontrollsensoren gewährleisten die genaue Lage- und Arbeitskontrolle.

### 3.3.13 Inspektion von gefliesten Fassaden

*Hersteller*: Taisei

*Kurzbeschreibung*: Die in Japan vor allem an großen und hohen Betongebäuden weit verbreiteten Kachelfassaden bedürfen einer regelmäßigen Inspektion, da sich Fliesen durch Alterung des Mörtels, Umwelteinflüsse und Erschütterungen durch Verkehr und Erdbeben lösen können. Herunterfallende Kachelteile stellen eine große Gefahr dar.

Früher wurden diese Kontrollen manuell von Gerüsten oder Aufzügen aus mit Hilfe eines Gummihammers durchgeführt. Dies war nicht nur gefährlich, sondern auch nicht sehr effizient. Zum einen hängt das Ergebnis stark von der Erfahrung des Prüfenden ab, der aufgrund des von der Wand wiederkehrenden Tons über den Zustand der Kachel entscheiden muß. Zum anderen ist auf diese Art und Weise keine exakte Messung möglich und es konnte vor allem nicht entscheiden werden, ob die Fliese sich vom Mörtel gelöst hatte oder zwischen dem Mörtel und der Wand dahinter Unregelmäßigkeiten aufgetreten waren. Außerdem konnten die Ergebnisse nur schlecht erfaßt werden, so daß man langfristig über die Entwicklung der Wand hinsichtlich Haltbarkeit und Lebensdauer keine Aussagen treffen konnte.

Ein Gerät für diese Anwendung ist der "Tile Separation Detection Robot" der Firma Taisei, der - entweder automatisch oder fernbedient - eine gekachelte Außenwand oder ein Mauerwerk systematisch abfährt, das von zehn kleinen Abklopfhämmern wiederkehrende Echo der Wand erfaßt und die genaue Lage der losgelösten Fliese zusammen mit dem Meßwert an einen auf dem Boden stehenden Personalcomputer übermittelt. Die Ergebnisse werden gespeichert, und für die Reparatur wird ein Ausdruck der Wand ausgeplottet, auf dem die zu ersetzenden Elemente genau gekennzeichnet sind. Dieses 70 kg schwere Gerät ist an zwei an

Dach und Boden verspannten Ketten befestigt und auch für die Kontrolle von Putzschichten auf Außenwänden geeignet.

**Bild 3.29:**    Inspektion von gefliesten Fassaden

Der für die Erkennung losgelöster Kacheln am weitesten entwickelte Roboter ist der "Tile Separation Detection Robot" von Kajima. Das Gerät ermittelt neben dem Ort auch die Art der defekten Verbindung. Es mißt den durch einen kleinen schwingenden Hammer ausgelösten, rückkehrenden Schalldruck mittels eines Mikrofons und kann genaue Angaben über den Zustand der Kachel treffen. Parallel wird die Rückstoßkraft der Kachel auf den Schwinghammer gemessen. Diese Kraft ist davon abhängig, ob die Kachel vom Mörtel abgelöst ist oder ob sich die Kachel mitsamt dem Mörtel von der Außenwand losgelöst hat. Die Unterschiede in den Rückstoßkräften sind so groß, daß man mit einer Genauigkeit von fast 100 % eine Aussage über die Art der Ablösung treffen kann. Wichtig ist dies vor allem für die Reparatur. Einzelne, nur vom Mörtel gelöste Kacheln kann man separat ersetzen. Fehlt aber die Verbindung zwischen Mörtelschicht und Außenwand, ist dies nicht nur auf einzelne Fliesen beschränkt, sondern betrifft meist ganze Bereiche der Außenwand, die dann komplett neu gekachelt werden müssen.


### 3.3.14 Streichen von Säulenstrukturen

*Hersteller*:        Taisei

*Kurzbeschreibung*: Dieser Roboter wurde entwickelt, um die Säulenkonstruktion zu streichen, die den kuppelförmigen Pavillon der Firma IBM auf dem Gelände der EXPO ´85 in Tsukuba trägt. Die Anstreicharbeiten mußten durchgeführt werden, während der Pavillon für das Publikum geöffnet war.

Der Roboter setzt sich aus einer Anstreicheinheit und einer Klettereinheit zusammen. Die Klettereinheit besitzt zwei gummibeschichtete Halteeinrichtungen, die mittels Druckluft gegen die Stahlsäule gepreßt werden. Liegt die untere Halteeinrichtung   fest an der Säule an, schiebt sich der Roboter - bewegt durch Druckluftzylinder - nach oben. Ist die maximale Schrittweite erreicht, pressen sich die oberen Halteeinrichtungen gegen die Säule, die unteren werden nun nachgezogen. Das Klettern und Halten des 1300 kg schweren Roboters erfolgt nur durch Reibungskraft, ohne daß die Oberfläche der Säule auf irgendeine Weise vorbereitet werden muß. So schiebt sich der Roboter Schritt für Schritt bis zum oberen Ende der zu streichenden Säule, um von dort aus mit dem Farbauftrag zu beginnen, den er auf dem Weg nach unten ausführt.

Die Farbe wird aus zwölf Sprühdüsen auf die Oberfläche der Säule aufgespritzt. Der gesamte Bereich, in dem der Farbauftrag erfolgt, wird von einer Kammer umschlossen, in der ein geringerer Luftdruck herrscht als in der Umgebung. So wird ein Entweichen von Farbpartikeln in die Umwelt verhindert. Um die 196 m² große Fläche einer Säule vollständig mit Farbe zu bedecken, benötigt der Roboter eine Stunde und 15 Minuten. Das im Kontrollrechner gespeicherte Programm und die am Roboter befindlichen Sensoren machen einen vollautomatischen Betrieb möglich. Ein doppeltes Sicherheitssystem stellt den ordnungsgemäßen Betrieb des Roboters sicher und verhindert auch im Fehlerfall sein Herunterfallen.

Am Boden steht dem Roboter ein Transportfahrzeug zur Verfügung, mit dem er von einer Säule zur nächsten gefahren wird. Dieses Fahrzeug ist mit einem hydraulischen Hebewerkzeug ausgerüstet, mit dem der Roboter am die Säule angesetzt und von der Säule abgenommen wird. Unterstützt wird der Roboter vom Boden aus durch einen Kompressor für die Druckluftversorgung und einer Förderpumpe für die Farbe. Druckluft, Farbe und Steuerdaten werden dem Roboter durch entsprechende Leitungen zugeführt.

**Bild 3.30:**    Steichen von Säulenstrukturen

Obwohl dieser Roboter nur für ein Gebäude konzipiert war, läßt sich die Anwendung ähnlicher Maschinen im Bereich Hochbau, Brückenbau und an den
Stahlgerüsten in Industrieanlagen gut vorstellen.

## 3.4 Serviceroboter im Einsatz: Kommunalwesen, Umweltschutz und Landwirtschaft

Der Bereich Kommunalwesen, Umweltschutz und Landwirtschaft ist zwar durch einen hohen Mechanisierungsgrad für Teilsysteme gekennzeichnet, derzeit sind jedoch erst vier Servicerobotersysteme als Produkt auf dem Markt erhältlich. Mehrere Systeme sind als Prototyp oder als Labormuster realisiert.

Die geringe Rate an Servicerobotersystemen in diesem Bereich ist durch mehrere Faktoren bestimmt:

- Im *Kommunalwesen* waren die meist öffentlichen Dienstleister in der Vergangenheit kaum zur Technisierung und Rationalisierung gezwungen. Viele kommunale Dienstleistungen wurden erst in den vergangenen zwei Jahrzehnten geschaffen. Die überwiegend kleinen und mittelständischen Unternehmen, die im Auftrag Dienstleistungen erbringen, verfügen oft nicht über das zu einer Serviceroboterentwicklung notwendige Kapital.
- Der *Umweltschutz* gewann erst in den letzten Jahren den heutigen Stellenwert und ist weltweit eine stark wachsende Branche. Eine Vielzahl von Fragestellungen betrifft hier jedoch in erster Linie verfahrenstechnische Entwicklungen.
- Die *Landwirtschaft* ermöglicht witterungsbedingt nur in der Viehzucht und -haltung in der Bundesrepublik einen Ganzjahresbetrieb für Serviceroboter. Für weite Bereiche ist daher der Einsatz von Servicerobotern nicht wirtschaftlich. Durch die staatliche Regulierung des Marktes ist z. B. eine Steigerung des Ertrags nicht immer erwünscht. Die Landwirtschaft ist traditionell sehr hoch mechanisiert. Wegen der stark unstrukturierten Umgebung haben sich bis heute jedoch nur teilautomatisierte Systeme, wie z. B. Setzmaschinen, durchgesetzt.

Als wesentliche Entwicklung zeichnet sich in diesem Bereich jedoch der immer stärkere Einsatz von Sensor- und Steuerungstechnik ab. Viele Teilfunktionen laufen heute schon vollautomatisch ab. Bei Müllwagen wird beispielsweise die Müllmenge automatisch erfaßt und der Entleerungsvorgang mit einer zentralen Steuerung überwacht und beeinflußt. Diese Entwicklung ist ein erster Schritt in Richtung Serviceroboter und läßt für die nächsten Jahre in diesem Bereich weitere Serviceroboterentwicklungen erwarten.

Der weltweite Stand der Entwicklungen ist in Bild 3.31 dargestellt.

| Einsatzbe-reich | Benennung | Entwickelt in |
|---|---|---|
| Kommu-nalwesen | • Magazinierroboter für Bibliotheken<br>• Automatischer Schneepflug<br>• Sicherung von Baustellen<br>• Automatischer Rasenmäher<br>• Arbeiten an Stromleitungen<br>• Automatische Müllentleerung | Frankreich<br>Japan<br>Japan<br>Belgien<br>Japan<br>Deutschland |
| Umwelt-schutz | • Basisabdichtung für Altdeponien mit Roboter | Deutschland |
| Landwirt-schaft | • Melkroboter (Produkt)<br>• Tomatenernte<br>• CITRUS Orangenernte (EU 176)<br>• Automatisches Umpflanzen von Tomaten<br>• Schafscherroboter<br>• HALIOS Fischereiroboter (EU 99)<br>• AUTOFARM (EU 266)<br>• ROSAL Rosenpflege (EU 331)<br>• Automatisches Blumenpflücken | Niederlande<br>Italien<br>EU, Spanien<br>USA<br>Neuseeland<br>EU, Spanien<br>EU, Schweden<br>EU, Frankreich<br>Deutschland |

**Bild 3.31:**  Stand der Entwicklung von Serviceroboter im Bereich Kommunalwesen, Umweltschutz und Landwirtschaft

Sind bei einer Entwicklung mehrere Länder genannt, so wird in unterschiedlichen Ländern eine parallele Entwicklung durchgeführt.

### 3.4.1  Arbeiten an Stromleitungen

*Hersteller*:        Yaskawa

*Kurzbeschreibung*: Um ohne Unterbrechung der Stromversorgung an Leitungen arbeiten zu können, wurden bisher isolierende Handschuhe und Werkzeuge verwendet. Für größere Arbeiten wurden Teile des Netzes spannungsfrei geschaltet. Über eine zuvor verlegte Bypassleitung oder durch mobile Generatoren werden in diesem Fall die betroffenen Verbraucher versorgt. Ohne, wenn auch nur kurzzeitige, Unterbrechung ist der Aufbau und das Beseitigen dieser Notversorgung nicht immer möglich. Durch den Einsatz von Robotertechnik war es möglich, im Netz der Insel Kyushu/Japan die Zahl der betriebsbedingten Unterbrechungen von etwa einem pro Jahr und Verbraucher im Jahr 1983 auf Null im Jahr 1989 zu senken.

Die Gefahr von Arbeitsunfällen, die durch Arbeiten im Bereich von unter Spannung stehenden Leitungen und auf Masten sehr groß ist, verringert sich durch den Einsatz fernbedienter Roboter erheblich. Gerade bei widrigen Wetterverhältnissen wie starkem Regen, die die Unfallgefahr deutlich erhöhen und oft zum Abbruch der Arbeiten führten, zeigt sich die Überlegenheit des Roboters.

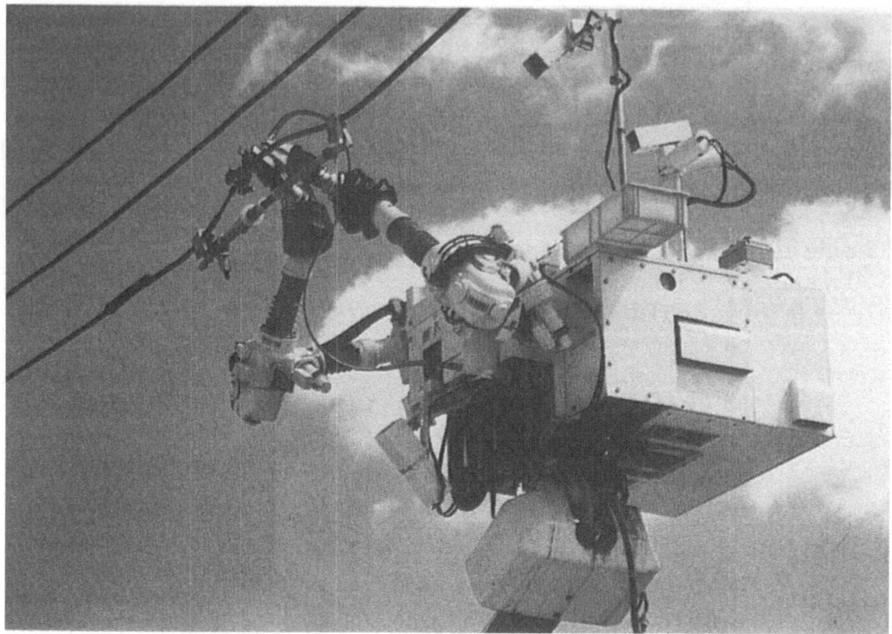

**Bild 3.32:**    Durchtrennen von Stromleitungen

Das Robotersystem zum Arbeiten an Hochspannungsleitungen ist - da es leicht und kompakt gebaut ist - auf einem kleinen Lastwagen montiert. Mit einem ausfahrbaren Lastarm wird die Manipulatoreinheit in ihren Arbeitsbereich gehoben. Dabei stützt sich das Transportfahrzeug mit Auslegern ab. Der Einsatz eines kleinen Fahrzeugs ermöglicht es, die meisten Leitungsabschnitte zu erreichen und auch an Leitungen entlang vielbefahrener Straßen zu arbeiten, ohne den Verkehr übermäßig zu behindern.

Die Manipulatoreinheit ist mit zwei Armen ausgestattet. Jeder dieser Arme hat sieben Freiheitsgrade für seine Bewegung. Angetrieben werden die Roboterarme von eigens entwickelten, besonders leichten und schmalen Wechselstrommotoren. Die Spannungsversorgung erfolgt über einen Trenntransformator, um eine galvanische Trennung der Antriebe vom Netz zu erreichen. Die Isolation ist für Arbeiten an Spannungen bis 6600 V unter allen Wetterbedingungen ausgelegt. Es wurde eine dreifache Isolation gewählt. Jeweils das Werkzeug, die Manipulatorarme und die Manipulatoreinheit sind isoliert. Es stehen zwölf Spezialwerkzeuge und verschiedene Arten von vielseitig einsetzbaren Instrumenten zur Verfügung. Sechs dieser Arbeitsgeräte werden auf der Manipulatoreinheit mitgeführt und vom Roboter automatisch gewechselt, wenn er zum Fortführen seiner

Arbeit ein anderes Werkzeug benötigt. Ebenso wird benötigtes Material automatisch zum Arbeitspunkt befördert oder von dort entfernt.

Von einer sich auf dem Fahrzeug befindlichen Kabine aus wird der Manipulator fernbedient. Weite Bereiche der Bedienung sind automatisiert oder werden von Computern unterstützt. Die Bewegung der beiden Arme wurde integriert, ein Arm folgt der Bewegung des anderen. Kräfte, die am Arbeitspunkt auftreten, werden gemessen und dem Bediener in der Kabine gemeldet. Aufwendige Kontroll- und Steuereinrichtungen sorgen für eine weiche Bewegung. Vorprogrammierte Arbeitsabläufe erleichtern die Bedienung. Bereiche, in die der Manipulator nicht verfahren werden darf, lassen sich zur Erhöhung der Sicherheit sperren. Vier Kameras übertragen Bilder des Arbeitsbereichs zum Bediener. Eine davon folgt während des Einsatzes automatisch der Spitze des Roboterarms. Zwei Kameras dienen als Entfernungsmesser, um den Arbeitspunkt automatisch zu erreichen. Auf zwei Monitoren werden die Bilder der Kameras dargestellt. Die Bedienung erfolgt mittels Steuerknüppel und durch Berührungssteuerung über den Bildschirm.

### 3.4.2  Sidepress

*Hersteller*:      FAUN eurotec

*Kurzbeschreibung*: Mit einem hinter der Fahrerkabine angebrachten Handhabungsgerät werden Abfallsammelbehälter aufgenommen und entleert. Die Steuerung des Handhabungsgerätes erfolgt über Joystick durch den Fahrer. Mit Sidepress ist der Ein-Mann-Betrieb beim Sammeln von Wertstoff- oder Abfallfraktionen möglich. Der Fahrer steuert den Sammelbehälter an, führt das Handhabungsgerät zum Behälter und nimmt diesen mit der Kammleiste auf. Die Entleerung des Behälters erfolgt dann automatisch. Der gesamte Ablauf wird vom Fahrer überwacht. Ein spezieller Sammelbehälter ist nicht notwendig.

Bei der Entwicklung der Bedienelemente wurde besonders auf eine ergonomische Gestaltung geachtet, um eine hohe Akzeptanz bei guter Leistung zu erreichen. Geübte Fahrer erzielen mit Sidepress gleiche Leistungen wie mit herkömmlichen Systemen.

Mit Sidepress entfallen die bisher üblichen Gefährdungspotentiale des Ladepersonals durch den fließenden Verkehr im Heckbereich des Fahrzeuges. Darüber hinaus wird der direkte Kontakt der Werker mit Abfallstoffen bzw. Bakterien durch den Einsatz des Handhabungsgerätes vermieden.

Aus sicherheitstechnischen Gründen ist das Fahrzeug mit einem Kamerasystem zur Rückraumüberwachung ausgerüstet. Das System erschließt dem Fahrer den gesamten Bereich hinter seinem Fahrzeug, so daß auch im Ein-Mann-Betrieb sicher zurückgesetzt werden kann.

**Bild 3.33:**   Sidepress

*Technische Daten*:
Sammelbehältervolumen von 17-24 m³
Behältnisse von 80 - 1.100 Liter handhabbar


### 3.4.3   Basisabdichtung von Deponien

*Hersteller*:        Richter

*Kurzbeschreibung*: Altlast-Deponien sind eine große Gefahr für unsere Umwelt. Sickerwasser das aus der Deponie ins Grundwasser fließt, bedroht unser Trinkwasser. Es ist ein Roboter, der mit einem hohen Grad an Automation die Voraussetzung zu einer systematischen Sanierung schafft: die Basisabdichtung. Die Maschine arbeitet fast selbsttätig. Das zweiköpfige Bedienungspersonal hat lediglich Kontrollfunktionen.
Die Deponie wird zunächst geologisch untersucht und vermessen. Aus ihrer Lage und aus der Tiefe des deponierten Abfalls zuzüglich der darunter verseuchten Erde wird ermittelt, wo die Abdichtung verlegt werden soll. Nach diesen Daten wird der Roboter computergesteuert und zentimetergenau die Deponie unterfahren.
Zu Beginn der Arbeiten wird am Rand der Deponie ein offener Graben ausgehoben, in dem ein komplettes Tunnelsystem verlegt wird. Mit einer Geschwin-

digkeit von durchschnittlich zwei, maximal vier Metern pro Stunde schiebt sich der Roboter selbsttätig an der Röhre entlang. Eine Teilschnittmaschine arbeitet sich neben der Röhre ins Erdreich und schafft Platz für die Vorwärtsbewegung.

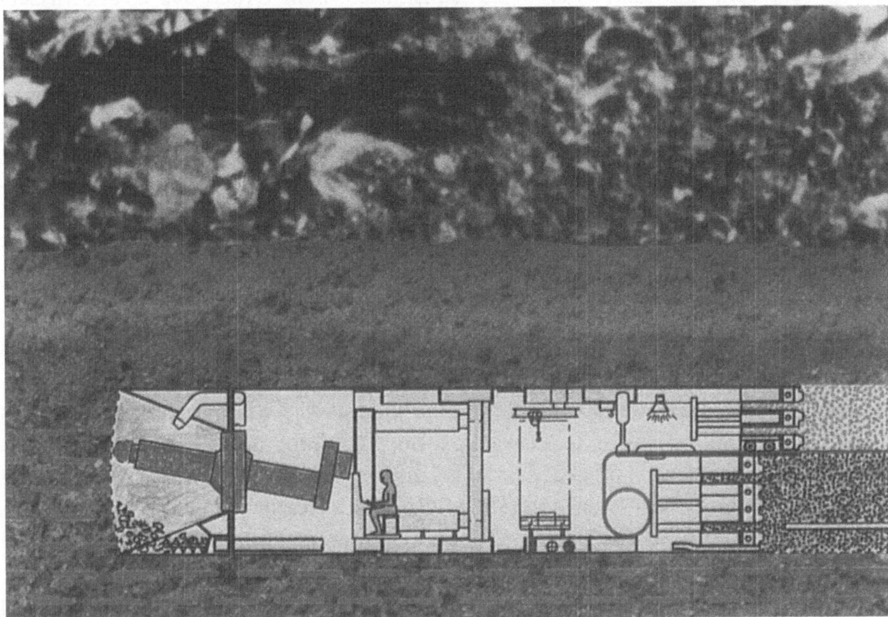

**Bild 3.34:**    Basisabdichtung von Deponien

Abgebautes und zugeführtes Material verpreßt der Roboter hinter sich und drückt sich dabei nach vorne. Tunnelelemente, die der Roboter "verschluckt" hat, werden abgenommen und seitlich versetzt. So entsteht hinter dem Roboter nach und nach ein neuer Tunnel.

Der Roboter kann auch in Schräglage arbeiten. Sowohl die Tunnelelemente wie auch der Roboter selbst sind so konstruiert, daß alle Richtungsänderungen möglich sind.

Auf einer Tonschicht, die zu einer Wasserundurchlässigkeit von k1 x $10^{-10}$ verdichtet wurde, verlegt der Roboter eine Kunststoffbahn die 2,5 mm stark ist und verschweißt sie mit der zuvor verlegten Bahn. Eine Dränschicht aus grobem Kies sorgt dafür, daß das Sickerwasser gut ablaufen kann. Ton und Kies werden durch die Röhre antransportiert, an der sich der Roboter entlang zieht. Abgebautes Material verpreßt der Roboter hinter sich. Überschüssiges, möglicherweise kontaminiertes Material wird durch die rückwärtige Röhre abtransportiert. Bei etwa jedem dritten Durchgang verlegt er zusätzlich die Dränrohrleitung zum Auffangen der Sickerwasser. Hat der Roboter nach der Unterquerung der Deponie die Oberfläche wieder erreicht, wird er um die Deponie herum gefahren und am Anfang des Tunnels wieder angesetzt. Die nächste Tour beginnt.

Die Tunnelröhren sind in beide Richtungen begehbar und als Fluchtwege konzipiert. Roboter und Tunnelröhre werden durch Kompressoren ständig mit Frischluft versorgt. Gleichzeitig wird das Roboter-Tunnelsystem unter erhöhtem Luftdruck gefahren, um Sickerwasser zurückzuhalten, dem Druck des Grundwassers auszugleichen und den Eintritt von Gasen zu verhindern. Das Einatmen vom giftigen Dämpfen oder eine Berührung mit kontaminiertem Material ist nicht möglich, da Personal und Materialbereich im Roboter wie auch in den Tunnelröhren streng getrennt sind. So kommt beispielsweise die Frischluft nur durch den Fronttunnel, also nicht über den Tunnel, über den abgebautes Material abgeführt wird. Darüber hinaus sorgt ein Gaswarnsystem für zusätzliche Sicherheit.

### 3.4.4  Schafscherroboter

*Hersteller*:         University of Western Australia

*Kurzbeschreibung*: Beim Schafscherroboter handelt es sich um eine sechsachsiges Gerät zum Handling des Scherwerkzeugs. Zur Erhöhung der Zugänglichkeit beim Scheren ist der Tisch, auf den das Schaf aufgespannt wird, drehbar. So können beide Körperseiten des Schafes durch den Roboter erreicht werden.

Zum Scheren wird das Schaf von dem Bedienpersonal auf dem Schertisch an den Beinen und am Kopf fixiert. Über das Gewicht des Tieres wird ein vorgegebenes Standartprogramm in der Robotersteuerung aktiviert. Die Daten dieses Grundprogrammes werden mit den Sensordaten vom Scherwerkzeug korrigiert, so daß eine gute Scherqualität erreicht wird.

Mit dem Scherroboter kann ein Schaf zu etwa 80 % automatisch geschoren werden. Der Rest an Wolle ist entweder verloren oder er wird von Hand geschoren.

Der etwas ruppige Umgang des Gerätes mit den Schafen wird von den menschlichen Kollegen sogar übertroffen; in einer Testreihe von 200 geschorenen Schafen erlitt jedes durchschnittlich 12 Hautverletzungen. Bei den menschlichen Kollegen erwischte es ein Schaf im Durchschnitt selbst bei guten Scherern sogar 20 mal.

Der Lohnkostenanteil des Scherens am Wollpreis hat sich in den letzten Jahren stark erhöht. Die Arbeit des Schafscherens gilt als besonders anstrengend und ist zudem ein Saisongeschäft, so daß es zunehmend Schwierigkeiten bereitet, entsprechend qualifiziertes Personal zu gewinnen. Insgesamt fallen in Australien jährlich über eine Milliarde DM an Scherkosten an.

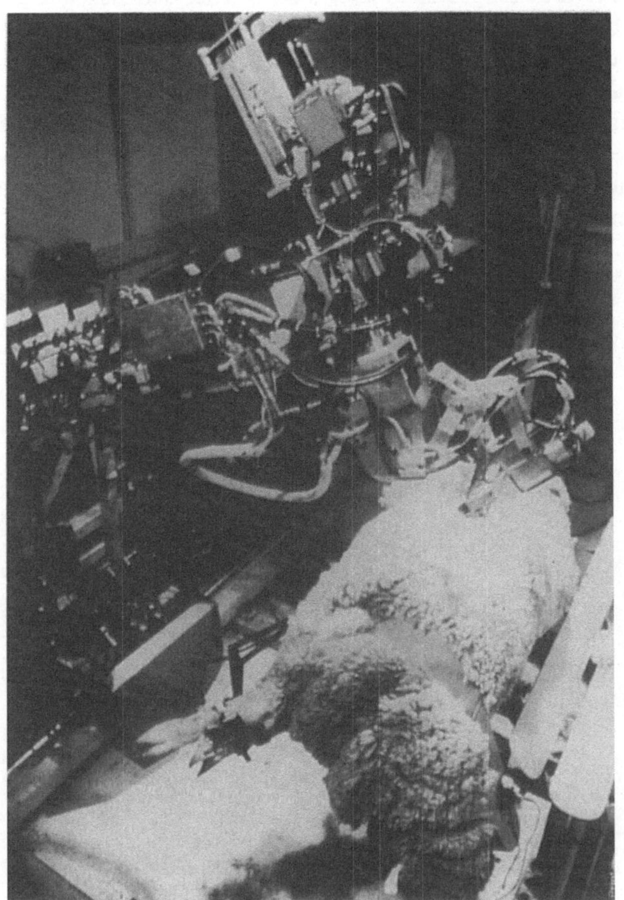

**Bild 3.35:**    Schafscherroboter


### 3.4.5  Automatisches Blumenpflücken

*Hersteller*:      FhG IPA / Universität Hohenheim

*Kurzbeschreibung*: Mit dem Blumenpflückroboter wurden Gerbera geerntet. In Zusammenarbeit mit der Universität Hohenheim wurde von FhG IPA ein Prototyp aufgebaut und erprobt. Das System besteht im wesentlichen aus einem Portalroboter, einem speziellen Erntegreifer und einem Bildverarbeitungssystem.

Die Pflanzen befinden sich in einzelnen Töpfen im Arbeitsraum des Portalroboters. Die Position der Pflanzen ist dem System bekannt. In regelmäßigen Zeitabständen werden die Pflanzen vom Roboter mit Wasser versorgt und nach

Bedarf gedüngt. Das Bildverarbeitungssystem analysiert hierbei den Zustand der Pflanzen und erkennt, ob Blüten gebrochen werden können. Der Roboter fährt eine einzelne Blüte mit den Informationen des Bildverarbeitungssystem an und beschreibt zum Brechen der Blüte eine Kreisbahn.

Der Greifer ist an einer ca. 500 mm langen Stange am Roboter pendelnd befestigt, so daß einzelne Blüten oder Blätter der Pflanze bei der Ernte nicht beschädigt werden. Mit einer schmalen Einführhilfe werden eventuell vorhandene Postionierungenauigkeiten kompensiert.

**Bild 3.36:**    Automatisches Blumenpflücken

## 3.5   Serviceroboter im Einsatz: Handel, Transport und Verkehr

Zu den Bereichen, die aufgrund einer geringen bzw. indirekten Kundenbeziehung leicht zu automatisieren sind, gehört vor allem der Bereich Transport und Verkehr. In diesem Bereich ist in den letzten Jahren besonders intensiv über Automatisierung nachgedacht worden. Dabei kamen dieser Diskussion die einfachen sich wiederholenden Tätigkeiten zugute sowie die gut strukturierten Einsatzgebiete - vor allem im innerbetrieblichen Materialfluß in Großgebäuden wie z. B. in Krankenhäusern oder Bürogebäuden.

Im öffentlichen Bereich ist davon auszugehen, daß künftig sehr viel weniger neue Großgebäude erstellt werden (siehe Krankenhäuser, Städteplanung). Vielmehr ist zu erwarten, daß Teilsysteme mehrerer Einrichtungen zentralisiert werden (z. B. Krankenhausapotheken, Stadtarchive, etc.). Bei diesen Zusammenlegungen wird durch den hohen Bedarf an Kostenreduktion bei gleichzeitiger Leistungssteigerung das Potential für den wirtschaftlichen Einsatz von Servicerobotern weiter erhöht.

Aus Sicht der Anwender werden möglichst hohe Serviceleistungen erwartet. Das größte Marktpotential umfaßt der Transport im Gebäudebereich. Speziell beim Transport müssen Lieferungen zeitgerecht eintreffen, Abtransporte sind umgehend durchzuführen (auch außerplanmäßig), und Wartezeiten und Störungen sind zu vermeiden. Jedoch läßt sich die Serviceleistung nicht allein quantitativ über die Durchsatzmenge, mittlere Wartezeit und Transportdauer beschreiben, sondern es müssen zusätzlich die qualitativen Merkmale wie Funktionssicherheit, Flexibilität, Transparenz oder Bedienkomfort erfüllt sein.

Bild 3.37 zeigt eine repräsentative Übersicht weltweit entwickelter fahrerloser Transportsysteme und automatischer Reinigungsroboter in den Bereichen Handel, Transport und Verkehr.

| Einsatzbereich | Benennung | Entwickelt in |
|---|---|---|
| Handel | • Automatischer Getränkeverkauf | Deutschland |
| Mobile Plattformen | • Robomaus | Japan |
|  | • Robot III | Deutschland |
|  | • CMU Rover | USA |
|  | • Navlab | USA |
|  | • Automatischer Gabelstapler | Deutschland |
|  | • IPAMAR | Deutschland |
|  | • Robbi | Japan |
|  | • HelpMate | USA |
|  | • Jyamabico | Japan |
|  | • JPL Robot | USA |
|  | • Robuter | Frankreich |
|  | • Macrobe | Deutschland |
|  | • Shakey | USA |
|  | • HILARE | Frankreich |

| Reini-<br>gungs-<br>roboter | • BR 600 ROBOT | Deutschland |
|---|---|---|
| | • Auto VacC | Frankreich |
| | • CAB-X | Frankreich |
| | • AXV-01 | Schweden |
| | • Midi Robots | Frankreich |
| | • Auto sweepy | Japan |
| | • Cyber Vac | Kanada |
| | • Robomatic 80 | Deutschland |
| | • Skywash | Deutschland |
| | • RoboScrub | USA |
| | • Robokent | USA |
| | • Waggonreinigung | Deutschland |

**Bild 3.37:**   Stand der Technik von Servicesystemen für den Bereich Handel, Transport und Verkehr

### 3.5.1  Getränkeverkauf am Roboter-Terminal

*Hersteller*:       Reis

*Kurzbeschreibung*: Das Getänketerminal besteht aus Einzelkomponenten, die aus Industrieanwendungen bekannt sind: Reis-Roboter, Palettenfördersysteme, chaotisch geordnete Hochregallager, automatische Leerguterkennung, Touchscreen-Monitoren und Scheckkartenleser.

Mit der Anlage ist der vollautomatische Getränkeverkauf rund um die Uhr realisiert, ohne daß Bedienpersonal erforderlich ist. Der Kunde hat die Auswahl aus 60 verschiedenen Getränkesorten, die er kastenweise abrufen kann. Er gibt seine Bestellung im bedienerfreundlichen Menü am Touchscreen-Monitor ein. Das aktuell verfügbare Angebot wird im Display angezeigt. Der Benutzer erhält Informationen, welche Waren er ausgewählt hat und wie hoch der jeweilige Warenpreis ist. Weiterhin besteht die Möglichkeit Leergut zurückzugeben. Das Pfand wird dem Kunden gutgeschrieben. Die Abrechnung erfolgt über das Scheckkartensystem.

Im Hintergrund der Anlage arbeiten zwei Linearroboter von Reis Robotics mit einem Längshub von 22 Metern. Im Arbeitsraum der Roboter sind ca. 2000 Kästen gestapelt. Aus diesem Zwischenlager entnimmt der Roboter die gewählte Warensorte und stellt sie dem Kunden bereits 30 Sekunden nach der ersten Wahl zur Verfügung. Die Bedienung der Kunden hat oberste Priorität.

In den Zwischenzeiten, wenn kein Kunde am Terminal Bestellungen aufgibt, übernimmt der Roboter die Aufgabe, das zurückgegebene Leergut auf Paletten zu stapeln. Weiterhin wird in diesen Zeiten das Zwischenlager aufgefüllt, um den schnellen Zugriff bei der Bedienung des Kunden zu gewährleisten. Hierzu werden die Getränkesorten palettenweise aus dem Hochregallager geholt und kastenweise im Zwischenlager gestapelt. Die Leergutpaletten werden ebenfalls im Hochregallager zwischengelagert. Mit 184 Palettenstellplätzen im Hochregallager ist immer sichergestellt, daß jeder Kundenwunsch rund um die Uhr erfüllt werden kann.

**Bild 3.38:**     Getränkeverkauf am Roboter-Terminal

Das Getränketerminal wird komplett per Computer gesteuert. Die Ausgabe von Getränken am Terminal, die Verwaltung des Zwischenlagers und des Hochregallagers gehören ebenso zu den Aufgaben des Zentralrechners wie die Nachbestellung wenn das Hochregallager leer wird. Der Zulieferer erhält die Bestellung direkt per Computer. Der Auslieferfahrer gibt die Getränke palettenweise an einer Einschleußungsstation in die Anlage ein. Danach lagert das Regalfahrzeug auf Befehl des Rechners die Palette im Hochregallager ein. Im Zentralrechner wird das Einlagerdatum und die Sorteninformation abgespeichert. Wenn bereits volle Leergutpaletten im Hochregal zur Abholung bereit stehen, werden diese dem Lieferanten automatisch zur Verfügung gestellt. Außer dem Auslieferfahrer ist kein weiteres Personal für den Betrieb des automatischen Getränketerminals erforderlich.

### 3.5.2  MOSAIC-Gabelstapler

*Hersteller:*        FhG IPA

*Kurzbeschreibung:* Im Rahmen des europäischen Forschungsprojekts ESPRIT II, Project No. 5292, MOSAIC, wurde unter der Leitung des Fraunhofer Instituts für Produktionstechnik und Automatisierung von einem europäischen Konsortium eine offene, modulare Bewegungssteuerung entworfen.

Ziele von MOSAIC waren Konzeption und Realisierung einer konfigurierbaren und anpaßbaren Architektur für industrielle Bewegungssteuerungen mit Anwendung in den Bereichen:

- Industrieroboter,
- Fahrerlose Transportsysteme und
- Sondermaschinen.

Die MOSAIC-Initiative wurde von 12 namhaften europäischen Unternehmen getragen.

Als Pilotanwendung dieser Steuerung wurde am IPA, basierend auf dem seit 1986 erarbeiteten Know-how im Bereich leitlinienlos geführter fahrerloser Transportsysteme, ein freifahrender fahrerloser Gabelstapler aufgebaut.

Dieses Fahrzeug wurde Ende 1993 bei der BMW AG in München-Milbertshofen im Werk 1.1 Halle 84 installiert. Der freifahrende Stapler hatte hier die Aufgabe, voreingestellte Werkzeuge auf Werkzeugwagen zu den Bearbeitungsmaschinen zu transportieren.

Nach erfolgreich absolviertem Testbetrieb wurde das Fahrzeug auf der Hannover Messe 94 im Rahmen der Sonderschau "Zukunftsmarkt Serviceroboter" vorgestellt. Es wurde dazu für den Transport von Europaletten und Gitterboxen mit einem Gewicht bis zu 1,2 t umgerüstet.

Das flexible System bietet alle Vorteile der leitlinienlosen Navigation, wie

– Wegfall bzw. Minimierung der Bodenanlagen (Leitdrähte, Trägerfrequenzgeneratoren, etc.)
– Wiederverwendbarkeit der Anlage in anderen Anwendungen,
– Flexible Reaktion auf Ablaufstörungen und
– Die Erschließung neuer Einsatzfelder.

Bei Verwendung eines Programmiersystems ergeben sich zusätzlich folgende Vorteile:

– Vereinfachung von Fahrkursänderungen bzw. -erweiterungen (keine Produktionsunterbrechung),
– Minimierung der Inbetriebnahmezeit bzw. des Inbetriebnahmeaufwandes,

– Minimierung des Anlagen-Engineering-Aufwandes.

Das Gesamtsystem besteht aus einem Leitrechner (PC unter SCO-UNIX) und einem fahrerlosen Transportfahrzeug. Beide Subsysteme kommunizieren über eine drahtlose Datenübertragungseinheit.

Die Beauftragung des Fahrzeugs erfolgt vom Leitrechner durch die Aktivierung auf dem Fahrzeug abgelegter Bewegungsprogramme. Zur leitlinienlosen Führung des Fahrzeugs wird eine Kombination aus Lagekopplung und Lagestützung benutzt.

Die Lagekopplung (Integration fahrzeuginterner Bewegungsgrößen) erfolgt hier beispielhaft mittels Meßrädern und einem faseroptischen Kreisel.

Zur Lagestützung wird ein Magnetsensor eingesetzt, mit dessen Hilfe die Lage des Fahrzeugs relativ zu passiven Marken, deren Positionen zum Zeitpunkt der Messung bekannt sind, vermessen wird. Die Einbindung alternativer Lagestützungssensorik ist jedoch jederzeit möglich.

Bei der Lastaufnahme und Lastabgabe wird die Lage des vom Bediener grob positionierten Werkzeugwagens mit einem Positionsscanner vermessen. Die Bahn zum Werkzeugwagen wird online generiert und der Gabelstapler durch einen Fuzzy-Regler auf dieser Bahn geführt. Das Lasthandling erfolgt automatisch mittels eines geregelten Schub-/Hubmastes.

**Bild 3.39:** MOSAIC Gabelstapler

*Technische Daten:*
Abmessungen
Länge:                                      2000 mm ohne Bumper
                                            2590 mm mit Bumper
Breite:                                     1500 mm
Höhe:                                       1950 mm
Antrieb und Lenkung
Lenkung:                                    2 angetriebene Räder
                                            Durchmesser 254 mm
Fahrgeschwindigkeit:                        max. 1.5 m/s
Kurvengeschwindigkeit:                      radiusabhängig
Geschwindigkeitsregelung:                   4-Quadranten-Regler
Antrieb/Antriebsleistung:                   Radnabenmotor
Sicherheitsbremse:                          elektromechanisch
Stützräder:                                 4 Schwenkräder    Durchmesser 150 mm
Federung:                                   Antriebsräder federnd aufgehängt
Lastaufnahmemittel
Laderaum:                                   860 mm Länge
                                            1260 mm Breite
Hubhöhe:                                    450 mm; konstruktiv eben-
                                            so für Hochregale auslegbar
Hubgeschwindigkeit:                         0.05 m/s
Zuladung:                                   1200 kg
Ladehilfsmittel:                            Paletten, Gitterboxen,
                                            Werkzeugwagen, etc.

Energiesystem
Batterien:                                  Blei
Batteriekapazität:                          350 A/h
Versorgungsspannung:                        48 V
Eigengewicht
ohne Batterie:                              1700 kg
mit Batterie:                               2300 kg
Sicherheitseinrichtungen
Sicherheitsbügel mechanisch:                vorn
Sicherheitsschalter:                        Schaltleisten seitlich
                                            und hinten
Notausschalter:                             vorn, 2 hinten
                                            optischer Kollisionsschutz
Datenkommunikation:                         Infrarot

### 3.5.3  HelpMate

*Hersteller:*      Transitions Research Corporation

*Kurzbeschreibung:* HelpMate ist ein Kurierdienstsystem für den Transport von Gegenständen, wie z. B. Speisen, Akten und Post. Gegenwärtig werden mehr als 50 dieser Kurierdienstroboter in über 25 Anlagen in den USA und Japan eingesetzt.

HelpMate findet überwiegend in Krankenhäusern Anwendung, wo durch seinen Einsatz enorme Kosten eingespart werden können. Pro Pflegetag sind im Krankenhaus etwa 18 kg Güter zur Versorgung eines Patienten zu bewegen. Viele dieser Transporte werden von Personen durchgeführt, die eigentlich andere Aufgaben zu erfüllen haben. Dies führt zu einer Reduzierung der Effizienz im Pflegedienst, zur Überlastung und Unzufriedenheit der Mitarbeiter sowie zu hohen Kosten.

Zur Beauftragung der Fahrzeuge gibt es je nach Ausbaustufe des Systems verschiedene Möglichkeiten. Im einfachsten Fall erfolgt die Bedienung nach dem Prinzip des Bankautomaten direkt am Bedienfeld des Fahrzeugs durch die Eingabe des Ziels. In komplexeren Systemen kann sie jedoch auch durch externe Bedieneinheiten (z. B. ein PC) oder über das Telefon erfolgen.

Geführt von optischen und akustischen Sensoren fährt der Roboter jeweils vom Ort der Beauftragung zum Ort der Auftragserbringung. Dabei findet er seinen Weg anhand einer vorher erstellten und im Speicher abgelegten Karte der Einsatzumgebung. Diese Karte wird mit Hilfe eines CAD-Systems (AUTOCAD) bei der Inbetriebnahme der Anlage erstellt und ist jederzeit veränderbar.

Um ein anderes Stockwerk zu erreichen, ruft HelpMate den hausinternen Aufzug per Funk. Nachdem der Aufzug das vom Roboter gewünschte Stockwerk erreicht hat, kann HelpMate seinen Auftrag ordnungsgemäß fortsetzen.

Sofern ein Hindernis seinen Weg blockiert, versucht der intelligente Roboter dieses zu umfahren. Wenn dies nicht möglich ist, weist die Computerstimme darauf hin, daß der Weg blockiert ist und der Auftrag erst erfüllt werden kann, wenn das Hindernis aus dem Weg geräumt ist. Hartnäckig aber freundlich wiederholt er diese Meldung, bis sein Weg wieder frei ist. Sollte der Roboter, z. B. wenn ein Bett durch einen engen Gang zu transportieren ist, den Weg blockieren, besteht die Möglichkeit den Roboter manuell zu bewegen. Er kann anschließend selbständig seinen ursprünglichen Auftrag fortführen.

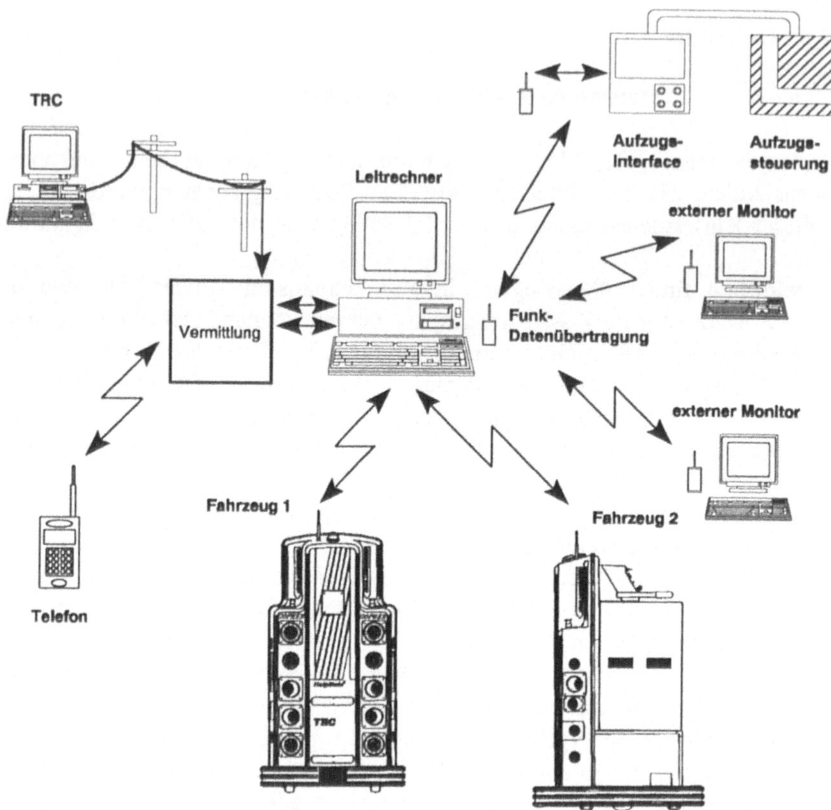


**Bild 3.40:**    HelpMate Systemübersicht

*Technische Daten:*

| | |
|---|---|
| Abmessungen: | 900 x 800 x 1 400 mm |
| Gewicht: | 160 kg |
| Nutzlast: | 450 x 700 x 650 mm; 50 kg |
| Geschwindigkeit: | 0,7 m/s |
| Batterie: | 24 V/120 Ah |
| Navigation: | Zur Wegplanung benutzt HelpMate eine Landkarte der Einsatzumgebung. Diese Landkarte wird mit Hilfe eines CAD-Systems erstellt. Optische (Lichtschnitt) und akustische Sensoren werden zur Erfassung der Umgebung und um Hindernissen auszuweichen eingesetzt. |
| Aufzüge: | Aufzüge werden per Funk angefordert, ohne dabei die Benutzung der Aufzüge durch Personen einzuschränken. |
| Sicherheit: | Not-Aus-Schalter, Sicherheitsbumper und Kontaktleisten, berührungslose Kollisionsschutzsensoren, Warnleuchte, Sprachausgabe |
| Nutzlastmodule: | Individuelle Anforderungen können durch eine Vielzahl verfügbarer Standardmodule erfüllt werden. |

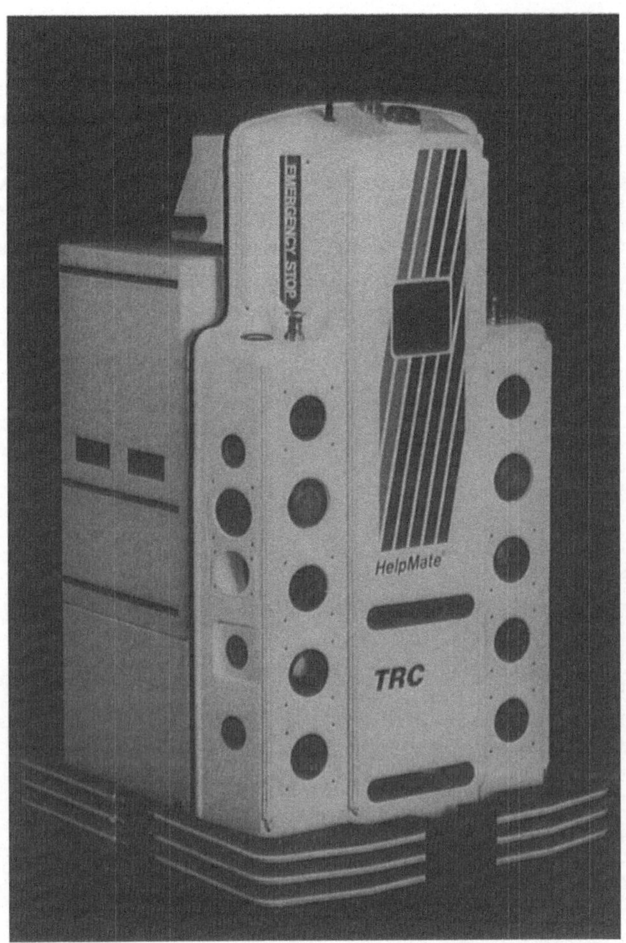


**Bild 3.41:**     HelpMate Fahrzeug

### 3.5.4  Robuter

*Hersteller*:        Robosoft

*Kurzbeschreibung*: Der Robuter ist die Verbindung einer mobilen Plattform mit einem leistungsfähigen Computer. Die selbstfahrende Plattform wird von zwei Gleichstrommotoren mit Permanentmagneten angetrieben. Mit den Motoren mit einer Leistung von jeweils 300 Watt und einer Betriebsspannung von 48 Volt können Lasten bis zu 120 kg befördert werden. Richtungsänderungen werden durch unterschiedliche Geschwindigkeiten an den beiden von den Motoren angetriebenen Rädern vorgenommen. Die Geschwindigkeit ist im Bereich von 5 cm/sec. bis 1,25 m/sec. regelbar. Eine angesteuerte Position wird mit einer Abweichung von weniger als 0,5 cm und einer Winkelabweichung kleiner als 0,5° erreicht. Die vier 12 Volt Batterien mit einer Kapazität von jeweils 60 Ah erlauben, abhängig von der Art des Einsatzes, einen autonomen Betrieb von sechs bis zehn Stunden.

**Bild 3.42:**    Robuter

Eine leistungsfähige CPU und ein firmeneigenes Real-Time Kontrollsystem steuern den Antrieb und überwachen alle wichtigen Betriebsdaten. Über ein Funkmodem hält die mobile Plattform Verbindung mit einem Host-Rechner. Auf diesem Weg werden der Plattform Steuerdaten übermittelt und von dort Meßdaten empfangen. Abstandssenoren helfen dem Automaten sich zu orientieren. Ein in die

Plattform integriertes Display und eine Tastatur mit 25 Tasten steht als direkte Schnittstelle zwischen Anwender und Robuter zu Verfügung.

Die mobile Plattform wie auch das Steuerprogramm sind so aufgebaut, daß ein vielfältiger Einsatz möglich ist. Verschiedene Manipulatoren und Überwachungsgeräte können auf die Plattform montiert und von ihr gesteuert werden. Für einige Anwendungen werden vom Hersteller bereits Zusatzgeräte angeboten, so beispielsweise ein Joystick zur manuellen Bewegungs- und Geschwindigkeitssteuerung, um den Robuter als selbstfahrenden Rollstuhl einzusetzen.

### 3.5.5   Selbstfahrender Schwerlastkraftwagen

*Hersteller*:        Hazama

*Kurzbeschreibung*: Auf Baustellen wie denen des Straßenbaus, Eisenbahn- und Kanalbaus, beim Bau von Staudämmen sowie bei Baumaßnahmen zur Küstensicherung werden große Mengen von Erde, Sand, Kies und Steinen über kurze bis mittlere Entfernungen transportiert. Auf diesen Baustellen sind ca. 30% der Beschäftigten Fahrer, die die schweren Lastkraftwagen steuern. Ein erheblicher Anteil der Lohnkosten entfällt auf den Materialtransport. Eine weitgehende Automatisierung von Transportaufgaben kann erhebliche Einsparungen ermöglichen. Ein derartiges System wird seit 1993 von Hazama entwickelt.

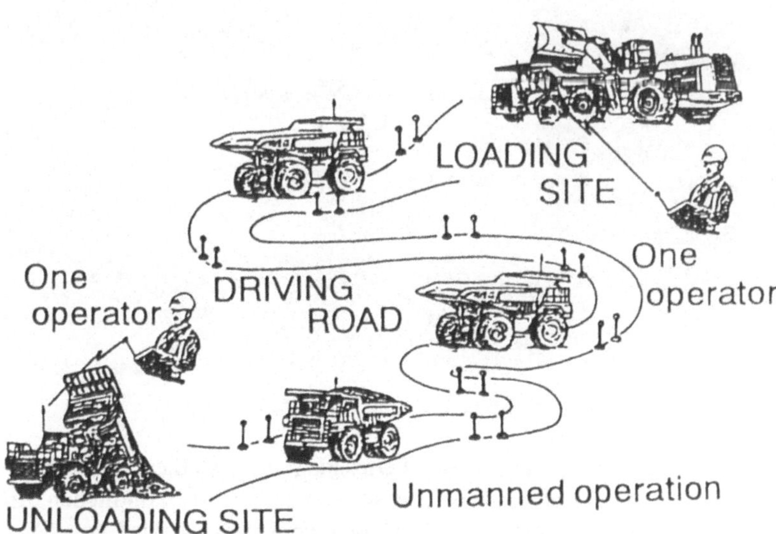


**Bild 3.43:**    Systemübersicht: Selbstfahrender Schwerlastkraftwagen

Die Lastwagen verkehren in der Regel zwischen einem Ladeplatz und einer Abladestelle auf einem vorgeschriebenen Fahrweg. Das System sieht vor, daß im Bereich des Ladeplatzes und der Abladestelle jeweils ein Operateur mittels einer Handfernbedienung die Steuerung des Fahrzeuges und des Lade- bzw. Abladevorgangs übernimmt. Auf der freien Strecke zwischen diesen Punkten verkehren die Lastwagen selbständig. Die Fahrzeuge können aber auch, zum Beispiel auf der Fahrt von Parkgelände zum Einsatzort, von einem Fahrer bedient werden. Zwischen dem Lade- und Abladeplatz werden so viele Lastwagen eingesetzt, daß ein kontinuierlicher Materialfluß ohne Wartezeiten entsteht.

Die Fahrzeuge folgen einem programmierten Weg, der ihnen über ein Funkmodem übermittelt wurde. Sensoren für die zurückgelegte Wegstrecke, die sich an den Hinterachsen der Lastwagen befinden sowie ein optischer Kreisel, der jede Richtungsänderung registriert, helfen dem Fahrzeug auf dem geforderten Kurs zu bleiben. Bei einer zurückgelegten Wegstrecke von 2 km mit der maximalen Geschwindigkeit von 30 km/h, bleibt die Abweichung vom programmierten Weg kleiner als ±100 cm.

**Bild 3.44:**    Versuchsfahrzeug zum Test von Komponenten

Auf dem Platz des Beifahrers ist eine Fernsehkamera installiert, die zum Erkennen von Hindernissen, vor allem aber von auf der Fahrbahn befindlichen Arbeitern, dient. Ein Bereich von 60 m bis 20 m vor dem Fahrzeug wird von der Kamera erfaßt. Das Bildverarbeitungssystem, das die Bilder der Kamera auswertet, untersucht sie zuerst nach den typischen gelben Helm eines Arbeiters, um dann Warnung, Ausweichen oder Anhalten zu veranlassen.

Der Fahrweg ist in Blöcke eingeteilt, denen jeweils eine Funkstation geringer Reichweite zugeordnet ist. Ein selbstfahrender Lastwagen kann nur dann in einen Streckenblock einfahren, wenn das vorausfahrende Fahrzeug diesen Bereich wieder verlassen hat.


### 3.5.6  BR 600 Robot

Hersteller:        Alfred Kärcher GmbH

*Kurzbeschreibung:* Der lernfähige Scheuersaugroboter BR 600 Robot wurde auf der Basis der bewährten Scheuersaugmaschine BR 600 B entwickelt. Die zwei Bürstenwalzen des Geräts schrubben den Boden mit einer Reinigungsmittellösung. Eine Absaugvorrichtung nimmt die Schmutzflotte sofort wieder auf. Die Maschine ist mit einem Wasserrecyclingsystem ausgerüstet, das eine mehrmalige Verwendung der Reinigungslösung erlaubt. Die damit erreichbare große Reichweite war eine wichtige Voraussetzung für die Automatisierung.

Nach einmaligem Abfahren des gewünschten Reinigungsweges durch den Bediener, wobei neben der eigentlichen Fahrroute auch die Umgebung erfaßt und gespeichert wird, kann die Reinigung beliebig oft automatisch wiederholt werden.

Während der Reinigungsfahrt sorgen zwei unabhängig voneinander arbeitende Navigationssysteme dafür, daß der Reinigungsroboter zu jedem Zeitpunkt seine Position und Orientierung kennt. Auf diese Weise kann er die vorgegebene Bahn abarbeiten und Abweichungen korrigieren, ohne daß er auf künstliche Markierungen angewiesen ist.

Ein umfassendes Sicherheitssystem garantiert bestmöglichen Schutz vor Personen und Sachschäden. Neben einem Safety-Bumper und seitlichen Kontaktleisten werden berührungslos arbeitende Ultraschallsensoren eingesetzt, die auch Hindernisse erfassen, die auf der Lernfahrt nicht vorhanden waren.

Der Roboter wird mit einem Steuerhebel geführt, an dem sich Lenkeinschlag und Geschwindigkeit einstellen lassen. Eine zweizeilige Anzeige führt durch das Auswahlprogramm. Zur Einstellung der gewünschten Parameter genügen zwei Drucktasten. Ein Display informiert über den aktuellen Gerätezustand.


*Technische Daten:*

| | |
|---|---|
| Abmessungen: | 1600 x 750 X 1020 mm |
| Gewicht: | 223 kg ohne Batterien - 446 kg mit Batterien |
| Frisch-/Schmutzwassertank: | 2 x 70 l |
| Arbeitsbreite: | 660 mm |

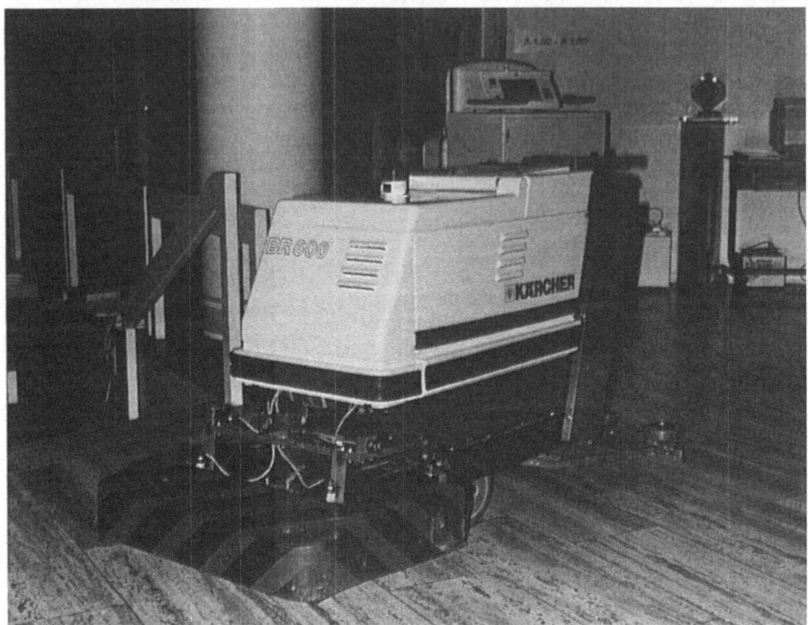


**Bild 3.45:**   BR 600 ROBOT

### 3.5.7 Robomatic 80

*Hersteller:*   Hako-Werke Bad Oldesloe

*Kurzbeschreibung:* Die Robomatic 80 ist eine vollautomatische Reinigungs-
maschine mit einem Kombinationsreinigungsaggregat zum Kehren und Schrubben, entwickelt durch die Hako-Werke und Anschütz. Entwicklungsziel war eine
Maschine, die ohne künstliche Marken navigieren kann, gleichzeitig aber die Rei-
nigungsleistung einer Hochleistungsreinigungsmaschine aufweist und ohne spezielles Training bedient werden kann. Dazu kommt, daß die Robomatic 80 sowohl
autonom als auch handgeführt betrieben werden kann. Der Roboter navigiert unter
Verwendung von Odometrie und unterstützt diese Information durch Ultra-
schallseitenabstandsmessung, mit der parallel zur Reinigungsbahn liegende
Wände abgetastet werden. Ultraschallsensoren werden auch zur Hinderniserkennung verwendet.

Für die Lokalisierung wird zu Beginn der Reinigungsfahrt eine Referenzwand
von ca. 3 m Länge benötigt. Die Referenzwand kann Lücken bis zu 4 m aufweisen, ohne daß der Kursfehler unzulässig groß wird. Die Freifahrtfähigkeit der

Robomatic 80 ist mit dem verwendeten Odometriesystem größer als 10 m, jedoch hat die Beschaffenheit des Bodens auf diese einen nicht unerheblichen Einfluß.

Die Robomatic 80 ist ausgerüstet mit drei weiteren Ultraschall-Sensorfunktionen: Hinderniserkennung, Kollisionsvermeidung und Absturzsicherung.

**Bild 3.46:**    Robomatic 80

## 3.5.8 SKYWASH

*Hersteller*:        Putzmeister

*Kurzbeschreibung*: Die Außenhaut von Flugzeugen muß zur Aufrechterhaltung eines ansprechenden Erscheinungsbildes und zur Vermeidung von Korrosion in regelmäßigen Abständen gereinigt werden. Diese Arbeit erfolgt bis heute fast ausschließlich manuell. Dies ist, in Anbetracht des Personalaufwandes und der durch diese Arbeit entstehenden Bodenliegezeiten, sehr teuer. Weiter ist auch das erzielte Waschergebnis recht bescheiden.

Das Basisfahrzeug ist ein Standardchassis von Mercedes Benz, das mit einem Ethanolmotor ausgestattet ist. Der Ethanolmotor, von MB speziell auf die Anwendung SKYWASH angepaßt, zeichnet sich durch äußerst geringe Emissionen aus, so daß ein Betrieb im geschlossenen Flugzeughangar möglich ist. Aufgesetzt auf dieses ist Chassis der Unterbau einschließlich der Stützbeinanlage.

Der Manipulatorarm besteht aus insgesamt elf programmierbaren Achsen (sechs
Hauptachsen, drei Handachsen und zwei Adaptionsachsen), hat eine Reichhöhe
von ca. 26 m und kann am Ende eine Nutzlast von über 500 kg sicher und genau
führen. Konzeptionell abgeleitet von Betonverteilmasten wurde die Konstruktion
sehr steif und dauerhaft ausgeführt, für Hand und Adaptionsachsen wurden dagegen völlig neue Konstruktionsprinzipien eingeführt. Die Waschbürste erfüllt
zwei Aufgaben: Neben der Reinigung der Flugzeugoberfläche hat sie die Funktion
eines Meßinstruments, das Die Aufgabe hat Ungenauigkeiten des Flugzeuges und
von SKYWASH mit Hilfe der Adaptionsachsen zu kompensieren. Gemessen wird
der Anpreßdruck der Waschbürste an die Flugzeugoberfläche.

**Bild 3.47:**   SKYWASH

Eine bereits mit spezifischen Softwarekomponenten ausgestattete Robotersteuerung der AEG wurde in Teilbereichen (insbesondere Waschbürstenadaption) ergänzt. Ein wesentlicher Bestandteil der Steuerungstechnik ist der sogenannte
Bordrechner, auf dem über eine DNC-Schnittstelle mit der Robotersteuerung
verbunden die maschinennahe Schnittstelle zum Bediener (WINDOWS), Diagnose, Programmverwaltung, Umrechnung auf neue Stadionskoordinaten usw.
untergebracht ist.

Eine wesentliche Anforderung an das SKYWASH System bestand darin,
praktisch an jedem Ort innerhalb oder außerhalb des Hangars ohne Markierungen
am Boden oder am Flugzeug SKYWASH an die richtige Stelle zu navigieren und
die Stationskoordinaten so genau zu ermitteln, daß ein rechnergesteuerter Betrieb

der Anlage möglich ist. Dies wird erreicht durch einen 3-D Scanner von Dornier, bei dem durch einen Mustervergleich von CAD-Daten des Flugzeugs mit den gemessenen Daten des Scanners die Bestimmung der Stationskoordinaten im Bezug zum Flugzeug möglich ist. Zwei Betriebszustände des Navigationssystems sind vorgesehen: Navigation während der Bewegung (Anfahrphase) und Feinpositionierung nach dem Ausfahren der Stützbeine.

Vorbereitend zum Wachvorgang muß der Flugzeugtyp, Aufstellungsort und einschränkende Merkmale wie Hangar etc. definiert werden. Es werden die dazugehörenden Waschprogramme und Daten zur Navigation auf den Bordrechner geladen. Geführt durch die Navigationshilfe fährt der Fahrer den vorher bestimmten Aufstellort (Radius 2m) vor dem Flugzeug an, von dem aus die definierte Waschfläche bearbeitet werden kann. Nach Erreichen des Aufstellungsorts steigt der Fahrer aus, fährt die Stützbeinanlage aus und startet dann die Messung zur genauen Bestimmung der Stationskoordinaten. Liegen diese Daten vor, kann das Armpaket entfaltet werden. Parallel dazu rechnet der Bordrechner die Waschprogramme auf die momentanen Stationskoordinaten um. Anschließend kann der Waschvorgang gestartet werden. Der Manipulator fährt bei Zustimmung des Bedieners die Waschbahnen ab, wobei abhängig vom Verschmutzungsgrad der Programmbetrieb langsam/schnell sowie vorwärts/rückwärts gesteuert werden kann. Nach Beendigung des Waschprogramms werden das Armpaket und anschließend die Stützbeine eingefaltet, um dann zum nächsten Aufstellort weiterzufahren.

## 3.6 Serviceroboter im Einsatz: Hotel- und Gaststättengewerbe

Bei Servicerobotern im Bereich Hotel und Gastronomie läßt sich der Stand der Technik am Beispiel von einigen Serviceroboteranwendungen verdeutlichen. Dabei findet sich die überwiegende Anzahl der Anwendungen in den USA und Japan. In Deutschland werden Roboter zwar bereits für die Lebensmittelindustrie zum Portionieren und Handhaben von Nahrungsmitteln eingesetzt, im Beherbergungs- und Gaststättengewerbe selbst sieht man jedoch heute den Einsatz solcher Geräte noch als kritisch an. Der Einsatzort der Geräte kann grundsätzlich unterschieden werden in:

- Gaststättengewerbe,
- Beherbergungsgewerbe.

Während im Gaststättengewerbe hauptsächlich Tätigkeiten im Küchenbereich und bei der Gerätereinigung anfallen, ergeben sich im Beherbergungsgewerbe meist Aufgaben wie Zimmerreinigung und Gastservice.

Das nachfolgende Bild 3.48 zeigt repräsentativ die Entwicklung von Servicesystemen im Bereich Hotel und Gastronomie.

| Einsatz-bereich | Benennung | Entwickelt in |
|---|---|---|
| Gastro-<br>nomie | • Prototyp zum Zubereiten von Pizza | USA |
| | • Taco-Herstellung | USA |
| | • Fritieren von Pommes-Frites | USA |
| | • Sushi-Roboter | Japan |
| | • Bedienung der Gäste | Japan |
| Beherber-<br>gungs-<br>gewerbe | • Roboter zum automatischen Aufstellen von Tischen und Stühlen | Japan |

**Bild 3.48:**   Stand der Technik von Servicesystemen im Bereich Hotel und Gastronomie

### 3.6.1  Bestuhlungsroboter

*Hersteller*:        Fujita

*Kurzbeschreibung*: Dieser Roboter wurde zur Bestuhlung eines Raumes im Büro-gebäude der Firma Fujita entwickelt und wird dort eingesetzt. Das Robotersystem wurde entwickelt, um verschiedene Arten von Tischen und Stühlen in den Raum zu transportieren, dort zu plazieren und nach ihrem Gebrauch wieder aus dem Raum zu entfernen. Das System besteht hauptsächlich aus einem automatischen Hochregallager, das Tische und Stühle ausgibt und zurückkommende wieder einsortiert, zwei selbstfahrenden Robotern, die Tische und Stühle transportieren, einem Bildverarbeitungssystem, das die Arbeit der Roboter überwacht und einem Host-Rechner der die Zusammenarbeit aller Komponenten steuert.

Über den Host-Rechner wird einer der Bestuhlungspläne ausgewählt. Der Rechner gibt dann die entsprechenden Befehle zum Aufstellen oder Abräumen der Tische und Stühle. Ist Aufbau gefordert, gibt das automatische Hochregallager die Tisch/Stuhl Kombinationen eine nach der anderen an die Roboter aus, die sie auf den vorbestimmten Wegen zu ihrem Aufstellungsort transportieren und dort abstellen. Zwölf Kameras, die an der Decke des Raumes installiert sind beobachten die Bewegung der beiden Roboter, so daß sie nicht von den vorprogrammierten Bahnen abweichen können. Zum Abräumen der Tische stellen die Kameras die genaue Position von Tischen und Stühlen fest. Der Host-Rechner berechnet die Abweichung von der Aufstellposition vor dem Gebrauch und ändert den Weg des Roboters entsprechend ab. Die Roboter werden mit einer Genauigkeit von Plus oder minus 10 mm in die korrekte Position zum Tisch gefahren. Die Korrektur abweichender Tischpositionen ist eine der wichtigsten und interessantesten Fähigkeiten des Systems. Ihre Steuerdaten erhalten die beiden Roboter über ein Funkmodem. Sie benötigen keine Steuerkabel oder Steuermarkierungen auf dem

Boden. So ist es leicht möglich, Tische und Stühle in verschiedener Weise zu arrangieren.

**Bild 3.49:** Bestuhlungsroboter

Der Transportroboter bestcht aus einer selbstfahrenden Plattform und einem mit zwei Armen versehenen Lift. Während sich die Plattform in der Enge des Hochregallagers an einem Magnetstreifen im Boden orientiert, bewegt sie sich im Aufstellungsraum völlig frei. Das batteriebetriebene Fahrzeug kann vorwärts und rückwärts fahren und wird durch Abstandssensoren vor Kollisionen bewahrt. Geführt wird der Roboter durch die Steuerdaten des Host-Rechners. Der Lift, der sich auf der Plattform befindet, kann den Tisch um bis zu 400 mm anheben und zur Feinjustierung um bis zu 50 mm nach links oder rechts verschieben. Die Tische sind so abgestellt, daß es einem Sensor an der Spitze der Liftarme möglich ist, ein Ecke des Tisches genau zu orten und die Feinjustierung vorzunehmen. Der Lift kann ein Gewicht bis zu 100 kg tragen.

Jeder Tisch dieses Systems ist mit seinen Stühlen verbunden. Durch einen Knopfdruck lassen sich die Stühle vom Tisch trennen. Um der Bildverarbeitung das Erkennen der aufgestellten Tische zu erleichtern, befindet sich auf der Oberseite jedes Tisches eine LED. Über eine Infrarotfernbedienung kann jede dieser Leuchtdioden an- und ausgeschaltet werden. Eine kontaktlose Indendifizierungskarte unter jedem Stuhl erlaubt es ihn dem richtigen Tisch zuzuordnen.

Das Hochregallager bietet Platz für 26 Tisch/Stuhl Kombinationen, wobei jede Kombination aus einem Tisch und zwei Stühlen besteht.

## 3.7  Serviceroboter im Einsatz: Sicherheit, Strahlen- und Katastrophenschutz

Die Ursprünge der Serviceroboter im Dienstleistungsbereich Sicherheit, Strahlen- und Katastrophenschutz liegen im Bereich der fernbedienten Handhabungssystemen - den Telemanipulatoren. Derzeit sind die Serviceroboter dabei, sich schrittweise aus dieser engen Verwandtschaft zu befreien. Wegen der steigenden Komplexität des Einsatzes und der erhöhten Anforderungen der Anwender werden in den Systemen mehr benutzerunterstützende, automatische Funktionen benötigt. Deshalb werden einzelne, ursprünglich ausschließlich fernbediente Manipulatoren durch die zunehmende Autonomie mehr und mehr unabhängig und können nun als teilautonome Serviceroboter eingestuft werden.

Die ersten vollautonom agierenden Serviceroboter gehen auf die Raumfahrtentwicklungen der USA zurück, wo bereits Anfang der 70er Jahre die ersten autonomen Fahrzeuge zur Planetenerkundung gebaut wurden (Jet Propulsion Laboratory, Mars-Rover).

Heute werden teilautonome fernbediente Serviceroboter zu Inspektions- und Wartungszwecken vorwiegend in solchen Bereichen eingesetzt, die für den Menschen unzugänglich, gesundheitsschädigend oder lebensgefährlich sind.

Anwendungsbeispiele von voll- oder teilautonomen Servicerobotern hierzu sind:

- Im industriellen Bereich (Inspektion, Anlagenüberwachung),
- In der Nuklear- und Energietechnik (Handhabung),
- Bei der inneren Sicherheit (Bewachung, Entschärfung von Sprengsätzen),
- Bei Einsätzen in militärischen Bereichen (Minensuchen, Bombenentschärfen),
- Bei Brandbekämpfung und Katastrophenschutz (Aufspüren, Retten, Bergen),
- Bei Tiefsee- und Unterwassereinsätzen,
- In der Raumfahrt (zu Erkundungs- und Erforschungszwecken).

Serviceroboter werden aber auch zu reinen Überwachungs- und Sicherheitsaufgaben herangezogen. Die ersten automatischen Wachmänner versehen bereits in den USA ihren Wachdienst in Museen und Industrieanlagen.

In der Bundesrepublik Deutschland kann derzeit noch nicht von einem existierenden Markt für Serviceroboter in den Anwendungsbereichen Inspektion, Instandhaltung, Überwachung, Sicherheit und Erkundung in Anbetracht geringer Anbieter- und Einsatzzahlen gesprochen werden. Hier arbeiten erst einige wenige Forschungsinstitute und nur eine handvoll Firmen an der Entwicklung und Vermarktung von Servicerobotern. Hintergrund existierender Produkte ist zumeist auch hier die konsequente Weiterentwicklung fernbedienter mobiler Manipulatoren aus Kerntechnik und Katastrophenschutz.

Die im Ausland entwickelten Serviceroboter der Anwendungsbereiche Inspektion, Instandhaltung, Überwachung, Sicherheit und Erkundung sind vielseitiger gestreut und ausgereifter als die in der Bundesrepublik Deutschland derzeit aufgebauten und angebotenen Systeme. Bild 3.50 zeigt eine repräsentative Übersicht weltweiter Entwicklungen.

| Einsatzbe-reich | Benennung | Entwickelt in |
|---|---|---|
| Kata-strophen-schutz | • MF2, Kraft-Manipulator mit Werkzeug | Deutschland |
| | • MF3/MF4 Kraft-Manipulator, Sensoren | Deutschland |
| | • Abtragung radioaktiv verseuchter Böden | USA |
| | • Autonomes Inspektionsfahrzeug | Irland |
| | • Unterwasserroboter | Deutschland |
| | • MARIE | Frankreich |
| Über-wachung | • Autonomer mobiler Bewachungsroboter | USA |
| | • Fliegender ferngesteuerter Serviceroboter | Österreich |

**Bild 3.50:** Stand der Technik von Servicesystemen für den Bereich Sicherheit, Strahlen- und Katastrophenschutz

### 3.7.1 Ferngelenktes Manipulatorfahrzeug MF2

*Hersteller*: Bilz

*Kurzbeschreibung*: Das ferngelenkte Manipulatorfahrzeug MF2, das zur Beseitigung von Unfallfolgen und für Arbeiten in korntechnischen Anlagen entwickelt wurde, ist ein geländegängiges Fahrzeug auf einem Kettenfahrgestell. Die beiden Ketten werden von je einem Elektromotor angetrieben. Die Fahrgeschwindigkeit ist zwischen 0,6 km/h und 12 km/h regelbar. Die Energieversorgung der Fahrmotoren, Manipulatorantriebe und weiterer Bordgräte erfolgt aus Blei-Akkumulatoren, die einen minimalen Einsatzradius von 1000 m erlauben. MF2 hat ein Gewicht von 3,4 t, ist 3,20 m lang und 1,55 m breit. Das Fahrzeug wird nach Fernsehbildern über eine Funkanlage ferngesteuert. Auf einem drehbaren Turm wird die jeweilige Ausrüstung mitgeführt. Das Fahrzeug ist mit einem Kurskreisel ausgerüstet, um den seitlichen Schlupf, der bei der Fahrt von Kettenfahrzeugen auftritt, auszugleichen. Kursstabilität und Neigungsausgleich werden automatisch ausgeführt.

**Bild 3.51:**    Ferngelenktes Manipulatorfahrzeug MF2

Zur standardmäßigen Ausrüstung gehört ein schwerer Manipulatorarm, der mit einem Lasthaken bis zu 400 kg schwere Gegenstände anheben und befördern kann. Ausgerüstet mit einer Greif- oder Schraubzange, die alternativ eingesetzt werden können, werden Lasten bis 200 kg bewältigt. Versehen mit einer Zange kann der Manipulatorarm in fünf Achsen bewegt werden. Die Reichweite des Manipulatorarms, der mit einer Zange ausgerüstet ist, beträgt mehr als 3 Meter.

Eine Mono-Fernsehkamera mit Zoom-Objektiv für die Fahrt, und eine Stereo-Fernsehkamera beim Einsatz des Armes, übertragen ihre Bilder zum Bediener in das Leitfahrzeug, einem LKW mit Kofferaufbau. Der an Gurten tragbare Bedienkasten kann jedoch aus dem Leitfahrzeug genommen werden, so daß eine Steuerung auch von außerhalb des Fahrzeuges möglich ist. Vier Scheinwerfer beleuchten Fahrweg und Arbeitsraum des Manipulatorfahrzeugs. Die Kameras und Scheinwerfer sind zu einer schwenk- und neigbaren Einheit zusammengefaßt. Stereomikrophone vermitteln einen akustischen Eindruck von der Arbeitsstelle. Ein y-Dosisleistungsmesser und ein Temperaturfühler übertragen ständig ihre Meßwerte zum Operateur. Ein Luftstaubsammler kann aktiviert werden und Proben nehmen.

### 3.7.2  Ferngelenktes Manipulatorfahrzeug MF3 /MF4

*Hersteller*:      Bilz

*Kurzbeschreibung*: Das Manipulatorfahrzeug MF3 wird nach Fernsehbildern ferngesteuert. Die Bildübertragung, Steuerung, Rückmeldungen und Stromversorgung erfolgen über ein nachgezogenes Kabel. Entwickelt wurde das Fahrzeug für den kerntechnischen Hilfszug der Gesellschaft für Kernforschung Karlsruhe. Es ist in erster Linie für den Einsatz in Gebäuden bestimmt. Das Fahrgestell und die Ausrüstung sind konstruktiv voneinander getrennt, so daß wahlweise verschiedene Manipulatoren, Sensoren und Geräte sowie Steuer- und Versorgungssysteme mitgeführt werden können.

Die hauptsächlichen Hindernisse für Fahrzeuge sind in Gebäuden die Treppen. Das Befahren von Treppen großer Steigung verlangt eine erhebliche Mindestlänge, während dagegen Treppenabsätze und die häufig beengten Platzverhältnisse ein kurzes Fahrzeug bedingen. Dazu kommt, daß bei den zwangsweise kleinen Abmessungen eine große Reichweite der Manipulatoren anzustreben ist. Diese Forderungen erfüllt das Fahrzeug MF3 durch seine spezielle Bauweise, nämlich eine variable Fahrwerksgeometrie. Es besitzt an seiner Wanne vier um Querachsen gegenüber dieser in großen Winkelbereichen unabhängig voneinander nach oben oder unten neigbare, langgestreckte Fahrwerksträger mit Kettenfahrwerken. Diese Bauweise schafft zahlreiche vorteilhafte Eigenschaften. Infolge der großen Länge in der normalen Fahrstellung können steile Treppen erklommen werden. Das Vorhandensein von vier Ketten mit hochgesetzten Antriebsrädern und schrägen Kettenteilen in der Mitte verhindern ein Abkippen des Fahrzeugs beim Fahren abwärts von einer Ebene auf eine Treppe oder aufwärts von einer Treppe auf eine Ebene. Werden alle vier Fahrwerksträger um 90° nach unten geneigt, verkürzt sich die Fahrzeuglänge erheblich und es ergibt sich ein kleiner Wendekreis. Durch Neigen der Fahrwerksträger nach unten kann auch die Höhe wesentlich vergrößert werden, wodurch sich eine größere Höhenreichweite des Manipulators und eine größere Augenhöhe der Kamera ergibt. Auf unebenen Standflächen kann durch unterschiedliche Neigung der Fahrwerksträger die Plattform waagerecht gehalten werden.

Mit dem ferngelenkten Manipulatorfahrzeug MF4 steht eine vereinfachte Version mit nur zwei Fahrwerksträgern zur Verfügung. Es ist eine ähnliche Ausstattung mit Manipulatoren und Sensoren möglich, wie sie auf dem Fahrzeug MF3 eingesetzt werden. Bei diesen Kettenfahrzeugen werden die Fahr- und Ausgleichsbewegungen autonom unterstützt.

**Bild 3.52:**    Ferngelenktes Manipulatorfahrzeug MF3

Als einfache Arbeitsausrüstung steht ein leichter Karftmanipulator mit 35 kp Tragfähigkeit zur Verfügung. In diesen Fall sind noch Platz- und Tragfähigkeitsreserven vorhanden, um weitere Geräte und Materialien mitzuführen. Für schwere Arbeiten ist ein Manipulator mit einer Tragfähigkeit von 100 kp geplant.

Standardmäßig ist die Ausrüstung mit zwei elektrischen Master-Slave Manipulatoren vorgesehen. Sie besitzen alle sieben Bewegungsmöglichkeiten der Arm-Kraft-Reflexion. Der Bedienungsarm und der Arbeitsarm werden mit bilateral wirkenden vermischten Positionsregelkreisen über Verstärker durch Elektromotoren angetrieben. Die Bewegungen und Handkräfte des Operateurs werden vom Bedienungsarm auf den Arbeitsarm übertragen und die mit dem Arbeitsarm ausgeübten oder auf ihn einwirkenden Kräfte in umgekehrter Richtung durch das elektrische System übertragen, so daß der Bedienende die auftretenden Kräfte und Drehmomente unmittelbar in seiner Hand spürt (Kraftreflexion). Diese Manipulatoren sind für komplizierte Arbeiten bestimmt und nicht für solche, die eine hohe Tragkraft erfordern. Dank der Kraftreflexion lassen sich die gleichzeitigen Bewegungen beider Arme soweit koordinieren, daß sie sich in ihrer Wirkung ergänzen oder unterstützen.

**Bild 3.53:**    Ferngelenktes Manipulatorfahrzeug MF4

Zum Fahrgestell gehören ein Steuerkasten, ein Bedienungskasten und eine Trommel mit 50 Meter Kabel. Um das Gerät auch unabhängig von Stromnetzen betreiben zu können, ist ferner ein Stromaggregat mit Benzinmotor vorhanden.

Das Fahren und Lenken des Fahrzeug erfolgt durch einen mit der Hand zu bedienenden Hebel. Durch unterschiedliche Auslenkung nach vorn oder nach hinten kann die Fahrgeschwindigkeit stufenlos verändert werden. Der Kurvenradius nimmt mit zunehmender Schrägstellung des Steuerhebels nach links oder rechts stufenlos ab, bis zum kleinsten Wenderadius beim Drehen auf der Stelle.

### 3.7.3  Betonbodenfräse Moose

*Hersteller*:      Pentek

*Kurzbeschreibung*: Aus den USA stammt die Entwicklung eines mobilen Serviceroboters der Firma Pentek Inc., Pennsylvania, der die Abtragung radioaktiv verseuchter Betonböden zur Aufgabe hat. Die Basis bildet eine mobile Plattform mit sechs von Elektromotoren angetriebenen Rädern. Die Versorgung mit Energie und Daten erfolgt durch zwei Kabel, die die Fräse hinter sich her zieht. Über das Datenkabel werden sowohl die Meßwerte der Sensoren wie auch die eines Dosimeters zum Bediener übertragen. Der Betriebszustand der Maschine und der Füllstand des Materialsammelbehälters werden ebenfalls übermittelt.

Vor dem Fahrgestell befindet sich eine absenkbare Fräse, die den Beton bis zur geforderten Tiefe abträgt. Das abgefräste Material wird eingesaugt und in einem Behälter gesammelt. Filter halten auch feinste Stäube zurück, um beim Fräsen eine weitere Kontamination der Umgebung zu unterbinden.

**Bild 3.54:**    Teilautonome Betonbodenfräse Moose

Die Fräsmaschine fährt automatisch oder fernbedient ihren Startpunkt an und senkt dort das Fräswerkzeug ab. Nun wird der Betonboden in Bahnen bearbeitet. Am Ende einer Arbeitsbahn wird das Werkzeug angehoben, das Fahrzeug wendet und setzt seine Arbeit um eine Werkzeugbreite versetzt in die entgegengesetzte Richtung fort. Seinen Weg findet der Roboter anhand der vorprogrammierten Daten der zu bearbeitenden Fläche und mit Hilfe von Sensoren für Richtung und zurückgelegten Weg. Abstandssensoren erleichtern die Orientierung an eventuell vorhandenen Wänden und helfen Kollisionen zu vermeiden.

Über den Einsatz in radioaktiver Umgebung hinaus eignet sich das Gerät zum Abtragen von mit verschiedenen Giftstoffen wie Schwermetallen oder chemischen Rückständen verunreinigten Betonböden.

### 3.7.4  IMP

*Hersteller*:       Kentree

*Kurzbeschreibung*: Der IMP ist ein ferngesteuertes Fahrzeug, das je nach Ausstattung zur Bombenentschärfung oder für die Inspektion technischer Anlagen eingesetzt wird. Aufgrund der geringen Baugröße eignet er sich besonders für den Einsatz in Bereichen mit engstehenden Hindernissen.

Das Fahrzeug wird über Funk gesteuert, als Orientierungshilfe für den Bediener dient eine Kamera, deren Bild ebenfalls per Funk übertragen wird. Angetrieben wird das Fahrzeug von Elektromotoren, die von wiederaufladbaren Batterien mit Strom versorgt werden. Das Kettenfahrwerk mit beweglichem Vorderteil gestattet es, auch in unstrukturierter Umgebung zu operieren und Treppen oder sonstige Hindernisse zu überwinden.

Für Handhabungsaufgaben stehen wahlweise zwei Manipulatorarme mit unterschiedlicher Ausladung zur Verfügung. Außerdem können für Inspektionsaufgaben verschiedene Meßsysteme aufgesetzt werden.

**Bild 3.55:**    IMP

Eine derzeit im Rahmen eines EU-Projekts entwickelte Steuerung stellt mehrere Automatikfunktionen bereit, die die Bedienung des Fahrzeugs erleichtern und gleichzeitig die Betriebssicherheit erhöhen. Dazu gehören beispielsweise Kollisions- und Kippschutz, sensorgeführte Bewegungen in engen Passagen, kreiselgestütze Fahrtrichtungsstabilisierung und automatisches Anheben bzw. Absenken des vorderen Kettenpaars.

*Technische Daten*:

| | |
|---|---|
| Länge: | 90 cm |
| Gewicht: | 25–40 kg, je nach Ausstattung |
| Geschwindigkeit: | 20 cm/s |
| Steigfähigkeit: | 70 bis über 100 %, je nach Untergrund |
| Einsatzdauer je Batterieladung: | 2–5 h |

### 3.7.5  MARIE

*Hersteller*:      Volmac

*Kurzbeschreibung*: Marie ist ein System zur Erprobung von Hard- und Softwarekomponenten mobiler Plattformen und Manipulatoren. Die Entwicklung zielt auf die selbständige Durchführung von Arbeiten und Untersuchungen in gefährlichen Umgebungen sowie auf die eigenständige Erfüllung von Transportaufgaben im industriellen Bereich.

Es wurden drei Testsysteme entwickelt und aufgebaut: Ein Roboterarm für den Einsatz auf einer mobilen Plattform und zwei nahezu identische Roboterfahrzeuge, eines in den Forschungslabors der Firma Robert Bosch GmbH in Darmstadt, das andere an der Universität Amsterdam.

Die Ausgangsbasis der mobilen Plattform bildet ein Elektrofahrzeug der Firma Vessa, das klein genug zu Fahrten in Räumen ist und robust genug für den Einsatz im Freien. Alle drei Motoren (je einen an den angetriebenen Hinterrädern und einen für die Lenkung) sind mit Drehsensoren ausgestattet.

Der Orientierung im Raum oder Gelände dienen Ultraschallsensoren mit einer schmalen Strahlbereite. Ultraschallsensoren mit weitem Strahlwinkel werden zur Erkennung von Hindernissen und Vermeidung vom Kollisionen eingesetzt.

In seinem Ursprungszustand ist das Fahrzeug zu einer maximalen Geschwindigkeit von 2 m/sec. fähig. Aus Sicherheitsgründen wurde diese jedoch auf 0,5 m/sec. begrenzt. Einer der Gründe ist die Arbeitsgeschwindigkeit des Ultraschallsystems.

Das Fahrzeug wurde mit einen Kontrollrechner auf der Basis eines MC68030 Prozessors versehen. Ein MC68000 Prozessor verarbeitet die Daten der Ultraschallsensoren.

Für den mobilen Roboter MARIE wurde auch ein Wandfolgesystem entwickelt, mit dessen Hilfe sich das Fahrzeug in Räumen entlang der Wände orientieren kann. Ein "docking spot detector" erlaubt es dem Roboter, in selbständiger Suchfahrt eine entsprechend gekennzeichneten Ort anzusteuern.

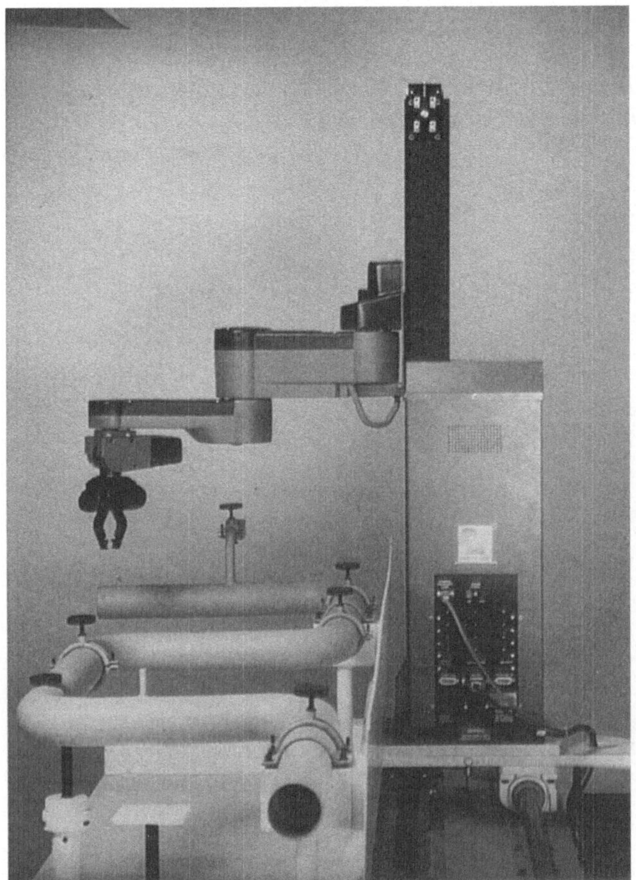

**Bild 3.56:**    Arm des mobilen Roboters MARIE

Der Manipulatorarm, der für den Einsatz auf diesem Fahrzeug entwickelt wurde, ist für Handhabungen wie Montage- und Reparaturarbeiten in gefährlichen Umgebungen vorgesehen.

### 3.7.6 Unterwasserroboter Faust

*Hersteller*:    Universität Hannover

*Kurzbeschreibung*: Wartungs- und Reparaturarbeiten an Unterwasseranlagen im Offshore-Bereich, an Schiffen und Talsperren bedeuten neben den hohen Kosten immer auch eine gesundheitliche Gefährdung der Taucher. Zudem sind einige Arbeiten in großen Tiefen durch die steigende Dekompressionszeit nicht ausführbar. Moderne Tauchroboter können diese Aufgabe übernehmen.

Die manuelle Steuerung des Tauchroboters wird durch den oft fehlenden Sichtkontakt zwischen Operateur und Gerät erschwert. Faust bietet eigenständige Funktionen, die den Bediener entlasten. So gleicht das Navigationssystem Störungen durch äußere Einflüsse wie Strömungen aus. Der Roboter läßt sich durch feine Wasserstrahldüsen um alle Achsen drehen und in alle gewünschten Richtungen dirigieren.

**Bild 3.57:**    Unterwasserroboter Faust

Befindet sich der Roboter frei im Wasserkörper, stehen ihm vier von Elektromotoren angetriebene Propeller zu seiner Fortbewegung zur Verfügung. Auf dem Grund bewegt sich Faust auf zwei, von jeweils einem Elektromotor angetriebenen Raupenketten fort. Dabei sind Vor- und Rückwärtsfahrt und, durch unterschiedliche Geschwindigkeiten, Drehbewegungen möglich. Die Stromversorgung der Motoren erfolgt durch ein Kabel von der Wasseroberfläche. Steuerdaten zum sowie Meßdaten und Fernsehbilder vom Roboter werden ebenfalls durch das Verbindungskabel übertragen.

Der Roboter kann zu Inspektionsaufgaben mit Kameras und Sensoren ausgerüstet werden oder zu Reparatur- und Montagearbeiten mit verschiedenen Werkzeugen und Manipulatoren verwendet werden. Weitere Anwendungsmöglichkeiten sind Aufgaben beim Verlegen von Kabeln und Leitungen auf dem Grund des Meeres oder von Flüssen und Seen.

## 3.8 Serviceroboter im Einsatz: Haushalt, Hobby und Freizeit

Im Bereich Haushalt, Hobby und Freizeit wurden bisher nur wenige Service-systeme realisiert. Die Anzahl der als Produkt erhältlichen Systeme ist auch noch sehr gering und bezieht sich ausschließlich auf den Teilbereich Bodenreinigung im Haushalt, siehe Bild 3.58. In den Teilbereichen Hobby und Freizeit existieren ausschließlich Konzeptionen oder Labormuster.

| Einsatz-bereich | Benennung | Entwickelt in |
|---|---|---|
| Haushalt | • Autonomer Staubsauger | Japan |

**Bild 3.58:** Stand der Technik von Servicesystemen im Haushalt

Mit zunehmend preiswerteren Hard- und Softwarekomponenten werden Ser-viceroboter verstärkt im Haushalt eingesetzt werden, da die notwendigen Inve-stitionen in die Technik abnehmen. Im Haushaltsbereich ist der Einsatz der Automatentechnik durch die zum Teil sehr unstrukturierte Umgebung erschwert. Zusätzlich läßt sich der Wert der Hausarbeit nur sehr schwierig monetär bewerten, was den Nachweis des wirtschaftlichen Einsatzes im Haushalt erschwert. Zu einem großen Teil werden im Haushaltsbereich Automatisierungsvorhaben auch durch die mangelnde Akzeptanz der Benutzer gebremst. Hier müssen Hersteller-firmen daran arbeiten, die Bedienung von zukünftigen Servicerobotern zu vereinfachen und sie jedermann zugänglich zu machen.

### 3.8.1 Automatische Staubsauger

*Hersteller*:     Panasonic / Hitachi

*Kurzbeschreibung*: Zur Reinigung von Industrie- und Büroflächen werden in vielen Fällen schon Serviceroboter eingesetzt. Der rasante Preisverfall von Hard- und Softwarekomponenten für Serviceroboter wird den Einsatz von solchen Geräten im Haushalt begünstigen, da die notwendigen Investitionen in die Technik sinken. Die beiden hier vorgestellten Geräte sind selbstfahrende Staub-sauger zur Trockenreinigung von Fliesen-, Parkett- und Teppichböden.

Die automatischen Staubsauger verfügen über Akkumulatoren als Energiespei-cher. Aus ihnen kommt der Strom zum Betrieb der Fahrmotoren und des Saugge-bläses. Zum Aufladen der Batterien steuert der Staubsauger selbständig seine Ladestation an. Ist der Automat nicht aktiv, steht er angeschlossen an seiner La-destation bereit. In Betrieb gesetzt wird der Staubsauger durch eine Befehl des Benutzers oder er aktiviert sich zu einem programmierten Zeitpunkt, zum Beispiel nach Verlassen der Wohnung, selbst. Von der Ladestation aus fährt er die zu reinigende Fläche an und beginnt am vorgegebenen Startpunkt seine Arbeit. Erreicht der Roboter die gegenüberliegende Wand oder stößt er auf ein Hindernis wie etwa ein Möbel, wendet der Staubsauger und fährt versetzt um eine Arbeitsbreite zurück. Dies wiederholt sich, bis der gesamte Raum gereinigt ist, wobei geprüft wird, ob sich Flächen, die von einer Seite durch ein Hindernis verdeckt waren, von einer anderen Seite erreichen lassen. Abstände nach vorne und zur Seite werden von genauen Sensoren gemessen, so daß der Staubsauger sehr nahe an Wände und Möbel heranfahren und reinigen kann. Die Roboter registrieren mit ihren Sensoren Richtungsänderungen und zurückgelegte Entfernungen, um sich in ihrer Umgebung zu orientieren.

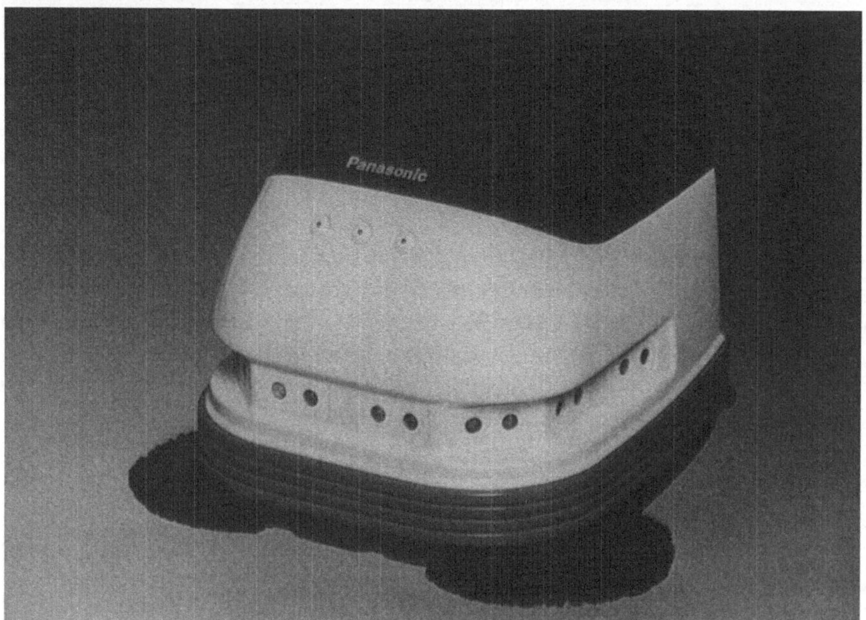


**Bild 3.59:**    Staubsauger für den Heimbereich der Firma Panasonic

Die Staubsauger verfügen über leistungsstarke Saugwerke, um ein gutes Reinigungsergebnis zu erreichen und über Mikrofilter, die auch feinsten Staub zurückhalten können. Ein voller Auffangbehälter wird signalisiert, so daß er rechtzeitig entleert werden kann.

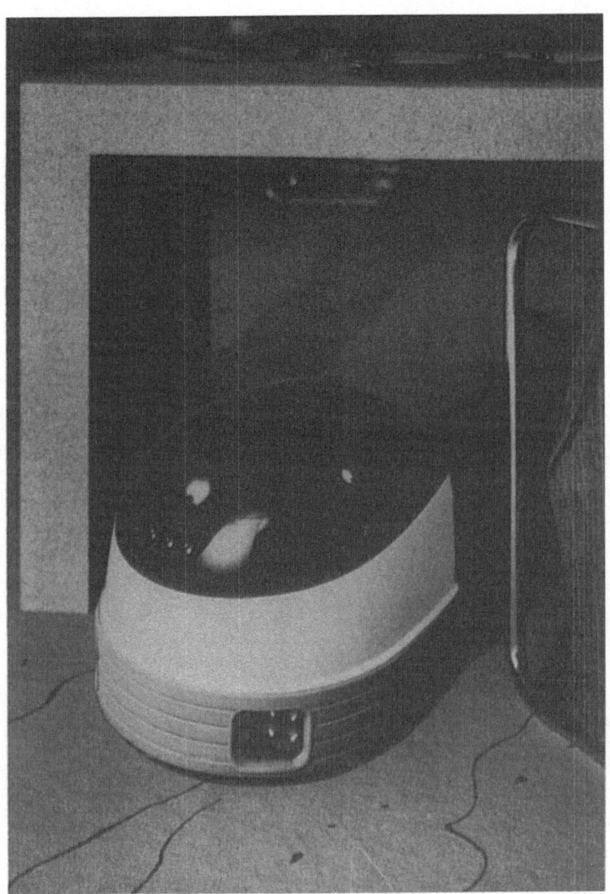

**Bild 3.60:**    Staubsauger für den Heimbereich der Firma Hitachi

# 4 Serviceroboter der Zukunft

## 4.1 Auswahl der Zukunftsszenarien

Einen wesentlichen Beitrag zur Erschließung des Marktpotentials von Servicerobotern können Zukunftsszenarien leisten. Diese sollen allen an der Realisierung und Umsetzung von Servicerobotern Beteiligten - Dienstleistungsnehmer, Dienstleistunganbieter und Systemhersteller - die für sie spezifischen Vorteile solcher Systeme vor Augen führen. Zudem soll anhand dieser Zukunftsszenarien einer möglichst breiten Bevölkerungsschicht der Nutzen von Servicerobotern verdeutlicht werden. Neben den genannten Aspekten, bei denen die Akzeptanz von Servicerobotern im Vordergrund steht, dienen Szenarien zusätzlich dazu, ihre Realisierbarkeit zu bewerten. Damit kann die in der Zukunft notwendige technologische Entwicklung zur Umsetzung von Servicerobotern verdeutlicht werden.

Im Rahmen der IPA-Studie wurden in Expertengesprächen und bei Vor-Ort-Analysen insgesamt 84 mögliche Serviceroboter der Zukunft definiert, die nach Meinung der Experten für die entsprechenden Dienstleistungsbereiche von wirtschaftlicher Bedeutung sein werden. Eine vollständige und dauerhafte Erfassung ist wegen der turbulenten Entwicklung des Dienstleistungsbereichs jedoch nicht möglich. Mit den aufgeführten Serviceroboterideen soll lediglich ein Überblick gegeben werden.

| Szenarium | Kurzbeschreibung |
|---|---|
| **Medizin** | |
| Fernmanipulierte Endoskope | Fernmanipulierte Betätigung von Werkzeugen, Instrumenten im Bereich schwer zugänglicher Körperpartien bei minimalem Operationstrauma |
| Aktive Kinematik | Führung von Instrumenten, Werkzeugen, Diagnoseeinrichtungen bei chirurgischen Eingriffen |
| Medikamente- und Essentransport | Transport von Medikamenten und Speisen zwischen verschiedenen Klinikstationen durch ein autonomes mobiles Fahrzeug |
| Orthopädieroboter | Handhabungssystem zur Unterstützung des Operateurs be chirurgischen Eingriffen |
| Chirurgiesimulator (MIT) | Simulation des chirurgischen Eingriffes im Vorfeld der Operation |
| Reinigung / Desinfektion | Durchführen von Reinigungs- und Desinfektionstätigkeiten durch ein teilautonomes mobiles Reinigungssystem |
| Bettentransport | Durchführen von Bettentransporten durch ein autonomes mobiles Fahrzeug |
| Zahnbearbeitung | Unterstützung des Arztes bei der Präparierung von Zähnen für den Einsatz von Füllungen, Teilkronen u.ä. |
| Diagnose/ Hauttherapie | Abstands-/Kraftgeregelte Bewegung über Körperpartien (Dermatologie, Ultraschall-Diagnose) |
| **Rehabilitation** | |
| Faltbarer mobiler Rollstuhl | Ein Rollstuhl wird automatisch zum Kfz-Kofferraum bewegt und dort gefaltet verstaut |
| Handhabungshilfe für Behinderte | Mehrachsige Kinematik mit Greifer als Handhabungshilfe für Behinderte |
| Handhabungshilfe im Heimbereich | Mobile, auf einem Fahrzeug angeordnete mehrachsige Kinematik mit Greifer |
| Körperteilführung | Rehabilitationsunterstützung durch Führung der betroffenen Körperteile |
| Aktive Endoprothetik | Myoelektrische Signale werden über Stellmotoren in entsprechende Bewegungen der Prothese umgesetzt |
| **Baugewerbe** | |
| Transport- und Handhabung im Ausbaugewerbe | Autonomes mobiles Fahrzeug mit mehrachsiger Kinematik zur Durchführung von Transport- und Handhabungsaufgaben im Ausbaugewerbe |
| Verputzen von Innenwänden | Roboter in Modulbauweise mit mehrachsiger Kinematik zum automatischen Verputzen von Innenwänden |
| Verlegen von Wand- und Bodenfliesen | Roboter mit Sechsachskinematik und Endeffektor auf mobiler Plattform zum Verlegen von Fliesen |

| Szenarium | Kurzbeschreibung |
|---|---|
| Roboter für Fließestrich | Multifunktionales System zum Ausbringen, Entlüften und Abschleifen von Fließestrich |
| Verlegen von konventionellem Estrich | Roboter zum automatischen Verlegen von konventionellem Estrich |
| Fassadenreinigung | Mobiles Servicesystem als Träger eines Reingungswerkzeuges zur Reinigung von Gebäudefassaden |
| Gerüstbau | Handhabungssystem zum automatischen Auf- und Abbau von Gerüsten |
| Handhabung | Handhabungsgerät großer Reichweite zur genauen Führung unterschiedlicher Werkzeuge |
| Sandstrahlen | Mobile mehrachsige Kinematik zum Sandstrahlen von Stahlkonstruktionen |
| Mauern in der Vorfertigung | Roboter mit mehrachsiger Kinematik zum Mauern von Fertigelementen in der Vorfertigung |
| Glätten von Betonoberflächen | Autonom fahrbares Servicesystem zum Glattziehen von Betonoberflächen |
| Bewehren | Handhabungssystem zum Flechten von Bewehrungen |
| Waschen von Baustellenfahrzeugen | Handhabungssystem mit Hochdruckdampfstrahler zum automatischen Reinigen von Baustellenfahrzeugen |
| Rohrverlegen | Anbaugerät für Bagger zur Komplettverlegung mehrere Rohre gleichzeitig |
| Inspektion von Stahlteilen im Plattenbau | Mobiles System mit Kameraausrüstung für Inspektionsarbeiten |
| Rohrinnenbeschichtung | Mobiles Servicesystem zur Innenbeschichtung von Rohren unterschiedlicher Durchmesser |
| Tunnelbau | Mobiler Gleitschalroboter |
| Schalungsbau | Handhabungssystem zum Setzen und Verbinden von Schalungselementen |
| Baggern | Baggern in schlecht zugänglichen oder gefährlichen Bereichen mit Hilfe von Telemanipulation |
| Planieren | Selbstfahrende Planierraupe für große Flächen |
| Abbruch von Gebäuden | Gefahrenlose Durchführung von Abbrucharbeiten durch telemanipulierte Systeme |
| **Kommunalwesen, Umweltschutz und Landwirtschaft** | |
| Müllsortierung | Müll- und Wertstoffsortierung durch Roboter, um Menschen von gesundheitsschädlichen Arbeiten zu befreien |
| Automatischer Müllwagen | Automatisches Handhaben und Entleeren von Müllbehältern mittels eines am Müllwagen angebrachten Handhabungssystems |

| Szenarium | Kurzbeschreibung |
| --- | --- |
| Pflege- und Ernteroboter | Handhabungssystem zum Pflegen und Ernten im Freilandeinsatz |
| Reinigen von Straßeneinläufen | Reinigungsfahrzeug mit Handhabungsgerät zum Automatischen Reinigen von Straßeneinläufen |
| Kanalinspektion und -sanierung | Automatisches Instandhalten und Sanieren von Kanälen mittels eines Handhabungssystems |
| Schutzplanken montieren | Automatisches Montieren und Warten von Schutzplanken an Straßen durch Einsatz eines Handhabungsgerätes |
| Bäume/Hecken pflegen | Automatisches Schneiden, Gießen und Pflegen von Bäumen, Hecken, Sträuchern durch ein Handhabungsgerät |
| Rasenmähen | Mähen und Pflegen des Rasens mit Hilfe eines autonomen mobilen Fahrzeugs |
| Straßenreinigung | Autonomes mobiles Fahrzeug zur Straßenreinigung |
| Fahrbahntrennung setzen | Automatisches Setzen von Fahrbahntrennungen mittels eines Handhabungssystems |
| Straßenbaustellensicherung | Autonomes mobiles Fahrzeug zum Absichern von Straßenbaustellen |
| Bücher in Regale einordnen | Automatisches Einordnen von Büchern in Bibliotheken mittels eines autonomen mobilen Handhabungssystems |
| Wartung von Stahlhochbauten | Autonome mobile Plattform zum Warten von Stahlhochbauten |
| Entleeren von Müllkörben | Autonomes mobiles Fahrzeug mit Handhabungsgerät zum Entleeren von Müllkörben |
| Straßenrisse erkennen | Autonomes mobiles Fahrzeug mit Handhabungsgerät zum Erkennen und Auskitten von Straßenrissen |
| Demontage umweltgefährdender Güter | Handhabungssystem zum Demontieren umwelt- und menschengefährdender Güter |
| Abdichtung von Leckagen | Autonome mobile Plattform/Fahrzeug zum Abdichten von Leckagen bei Gas-, Öl- und Wasserleitungen, -tanks |
| Überwachung (Gas, ABC) | Autonomes mobiles Fahrzeug zum Überwachen und Melden von Gas bzw. ABC-Stoffen |
| Dekontaminieren | Autonome mobile Plattform zum Dekontaminieren von Gebäuden, Personen etc. |
| Schornsteinreinigung | Automatisches Reinigen und Inspizieren von Schornsteinen durch ein Handhabungsgerät |
| Bodenproben entnehmen | Automatisches Entnehmen von Bodenproben mittels eines Handhabungsgerätes |
| Bodensanierung | Autonomes mobiles Fahrzeug mit Handhabungsgerät zum Sanieren belasteter Böden |

| Szenarium | Kurzbeschreibung |
|---|---|
| **Handel, Transport und Verkehr** | |
| Reinigung von Bahnsteigen | Autonome Bodenreinigung von Bahnsteigen und anderen Großverkehrsflächen |
| Kurierdienstroboter in Großgebäuden | Automatischer Kurierdienstroboter in Großgebäuden |
| Innenreinigung Flugzeuge und Züge | Automatische Innenreinigung von Flugzeugen und Zügen |
| Intelligente Kassensysteme | Intelligentes Kassensystem mit Handhabungshilfe zum Verpacken |
| Müllentsorgung im Krankenhaus | Automatische Entsorgung von Mülltrenn-Containern im Krankenhaus |
| Betanken von Kfz/Nfz | Automatisches Betanken von Kfz/Nfz durch ein Handhabungsgerät |
| Elektronischer Wachhund | Autonome Überwachung von Objekten, Gebäuden, etc. durch mobile Plattform |
| Kuppeln von Eisenbahnwaggons | Automatisches Kuppeln bzw. Lösen von Eisenbahnwaggons mittels Handhabungsgerät |
| Polieren und Innenreinigen von Kfz | Automatisches Polieren und Innenreinigen in einer Kfz-Station |
| Warten und Inspizieren von Kfz | Automatisches Warten und Inspizieren von Kfz in einer Kfz-Station |
| **Hotel und Gastronomie** | |
| Sanitärreinigung | Mobiler Roboter zur automatischen Toilettenreinigung |
| Mobile Minibar | Automatischer Transport von Artikeln unterschiedlichster Art (Getränke, Speisen, Zeitschriften, etc.) |
| Geschirrhandhabung | Automatische Handhabung von Geschirr mittels Handhabungsgerät |
| Koffer-Boy | Autonomer Transport von Gepäckgegenständen mittels Bewegungsplattform |
| Tablettbestückung | Automatisches Positionieren von Gegenständen auf einem Tablett mittels Handhabungsgerät |
| **Sicherheit, Strahlen- und Katastrophenschutz** | |
| Inspektion und Wartung / Werksschutz | Mobile Inspektion und Wartung / Überwachung technischer Anlagen und Maschinen / Gefahrenmeldung |
| Brandbekämpfung | Autonomes oder fernbedientes mobiles Handhabungsgerät zur Brandbekämpfung |
| Rettungsbühne | Manipulator zur Menschenrettung |

| Szenarium | Kurzbeschreibung |
|---|---|
| Handhabung in kon-taminierter Um-gebung | Automatische oder fernbediente Handhabung von Gegenständen in kontaminierter Umgebung |
| Minensuchen | Autonome Suche und Entschärfen von Minen mittels Bewegungsplattform |
| Entschärfen von Bomben | Teilautomatisches Entschärfen von Bomben mit mobilem Handhabungsgerät |
| **Haushalt, Hobby und Freizeit** | |
| Bodenreinigung im Heimbereich | Automatischer mobiler Bodenstaubsauger im Privat- und Heimbereich |
| Kleinbootreinigung | Automatische Unterwasser-Reinigungsanlage für Sportbootrümpfe |
| Rasenmähen | Autonomes Rasenmähen mittels mobilem Rasenmäher |
| Mobile Plattform für Senioren | Transport von Personen oder Gütern im Heimbereich |
| Fensterreinigung | Automatisches Reinigen von Fenstern im Heimbereich mittels Handhabungsarm |
| Tennis/Golfbälle sammeln | Autonomes Sammeln von Bällen mittels mobiler Bewegungsplattform |

Die Auswahl der Beispielszenarien erfolgte durch vorher festgelegte Bewertungskriterien aus der Gesamtzahl der oben dargestellten Servicesysteme. Wesentliche Kriterien der Bewertung waren dabei die Notwendigkeit des Einsatzes, die technische Machbarkeit, die Wirtschaftlichkeit und das erwartete Marktpotential.

Unter diesem Kriterium der Notwendigkeit des Einsatzes ist die gesellschaftliche Bedeutung, der Nutzen, die Erhöhung der Lebensqualität oder die Produktivitätssteigerung zu verstehen, die durch den Einsatz eines Serviceroboters erreicht werden kann.

Dabei wurde als Bewertungsmaßstab untersucht, ob die Applikation unabdingbar (z. B. Sanierung enger Lüftungsschächte, die nicht vom Menschen begehbar sind), sinnvoll (z. B. Rehabilitation von Unfallopfern), Lebensqualität erhöhend (z. B. Haushaltsroboter für lästige Aufgaben) oder neutral ist.

Unter der technischen Machbarkeit versteht man die Einschätzung einer Realisierung aus heutiger Sicht. Bei der Bewertung spielt daher die zeitliche Komponente eine entscheidende Rolle. Es wird bewertet, ob Komponenten und Teilsysteme des angedachten Szenariums bereits am Markt verfügbar sind, ob die Technologie prinzipiell vorhanden ist, ob Grundlagen-Know-how existiert oder erst aufgebaut werden muß. Es kann weiterhin die Machbarkeit des Zukunftsszenariums grundsätzlich in Frage gestellt werden.

Das Kriterium Wirtschaftlichkeit stellt eine Relation zwischen dem Kriterium Notwendigkeit des Einsatzes und dem Kriterium technische Machbarkeit her. So wird die Wirtschaftlichkeit eines Serviceroboters aus dem erbrachten Nutzen im Verhältnis zum technischen Aufwand (und damit den Kosten) definiert.

Dabei kann es jedoch durchaus einzelne Szenarien geben, bei denen die Kosten von untergeordneter Bedeutung sind. Dies gilt insbesondere im Falle eines hohen Anwendernutzens (z. B. Roboter für den Katastrophenschutz). Weiterhin ist zu berücksichtigen, daß heute bereits erste Serviceroboter wirtschaftlich realisierbar und andere zwar technisch zu realisieren sind, jedoch erst durch Kostensenkungen für Teilkomponenten (z. B. Sensoren, Energieversorgung) in der Zukunft wirtschaftlich sinnvoll werden. Sicherlich gibt es unter den Applikationen auch solche, die keine oder sogar eine wirtschaftlich schlechtere Lösung zur derzeitigen Aufgabenausführung darstellen.

Das Bewertungskriterium des Marktpotentials ordnet die Zukunftsszenarien nach der zu erwartenden Stückzahlkategorie ein. Dabei wird unterschieden, ob das Gerät sich potentiell als Massenkonsumgut für jeden Haushalt eignet oder nur in speziellen Marktsegmenten einsetzbar ist. Eine weitere Abstufung wird durch eine Einschätzung erreicht, ob der Serviceroboter für häufig vorkommende Tätigkeiten bei typischen Dienstleistern (z. B. Bodenreinigung) einsetzbar ist oder ob er eher selten zum Einsatz kommt (z. B. Deckenreinigung). Einzelstücke für Sonderdienstleister sowie fragliches Marktinteresse bilden somit den Abschluß dieser Bewertungsskala.

Dieser Bewertungsablauf wurde für jedes Szenarium geordnet nach Bereichen durchgeführt. Eine Gliederung nach Bereichen und nicht nach Tätigkeiten war notwendig, da beispielsweise ein Reinigungsroboter im Krankenhaus gänzlich andere Anforderungen zu erfüllen hat als ein Reinigungsroboter im Kommunalwesen und diese somit zwei eigenständige Geräteklassen darstellen.

Nach der Bewertung aller Zukunftsszenarien konnte eine bereichsbezogene Rangliste erstellt werden. Diejenigen mit der höchsten Bewertung wurden als Beispielszenarien ausgewählt. Bild 4.1 zeigt in einer Übersicht die auf den folgenden Seiten im Detail beschriebenen Beispiele.

| Bereich | Beispielszenarium |
|---|---|
| **Medizin** | Fernmanipulierte Endoskope |
|  | Aktive Kinematik für chirurgische Eingriffe |
| **Rehabilitation** | Faltbarer mobiler Rollstuhl |
| **Baugewerbe** | Transport- und Handhabungsaufgaben im Ausbaugewerbe |
|  | Verputzen von Innenwänden |
|  | Verlegen von Wand- und Bodenfliesen |
|  | Multifunktionaler Roboter zum Verlegen von Fließestrich |
|  | Verlegen von konventionellem Estrich |
| **Kommunalwesen,** | Müllsortierung |
| **Umweltschutz** | Teilautomatischer Müllwagen |
| **und Landwirtschaft** | Pflege- und Ernteroboter für den Freilandeinsatz |
| **Handel, Transport und** | Reinigen von Bahnsteigen |
| **Verkehr** | Kurierdienstroboter in Großgebäude |
|  | Innnenreingung von Flugzeugen und Zügen |
| **Hotel und Gastronomie** | Sanitärreinigung |
|  | Mobile Minibar |
| **Sicherheit, Strahlen- und** | Inspektion und Wartung / Werksschutz |
| **Katastrophenschutz** | Brandbekämpfung |
| **Haushalt, Hobby und Freizeit** | Bodenreinigung im Heimbereich |
|  | Kleinbootreinigung |

**Bild 4.1:**      Liste der Beispielszenarien

## 4.2  Beschreibung der Beispielszenarien

Für die nachfolgende Beschreibung der Beispielszenarien wird das in Bild 4.2 dargestellte Schema gewählt.

| Gesamtzahl der potentiellen Servicerobotersysteme | |
|---|---|
| Auswahl durch Bewertung | |

| Beispielszenarien | |
|---|---|
| **Beschreibungsschema** | **Erläuterung** |
| Kurzbeschreibung der Idee | In kurzer Form wird die Idee des Serviceroboters dargestellt |
| Derzeitige Tätigkeitsausführung | Darstellung, wie die betrachtete Dienstleistung heute erbracht wird |
| Hauptfunktionen / wesentliche Leistungsdaten | Beschreibt die notwendigen Hauptfunktionen, die der Serviceroboter beinhalten muß |
| Einsatzumgebung | Beschreibt die Besonderheiten der Umgebung, in welcher der Serviceroboter eingesetzt werden soll |
| Technisches Szenario / Ablaufbeschreibung | Darstellung der Dienstleistungserbringung unter Einsatz des konzipierten Serviceroboters |
| Skizze der Lösung | 3D-Darstellung eines Grobentwurfs des Serviceroboters |
| Kritische Teilfunktionen / Schlüsselkomponenten | Beschreibung der erforderlichen Schlüsselkomponenten |
| Nutzwert / Bedarfssituation / Marktpotential | Zahlenmäßige Angabe des Marktpotentials des Serviceroboters und Herausstellung seines Nutzwertes |
| Innovation / Aspekte der Markteinführung | Beschreibung von Aspekten, die eine Markteinführung beeinflussen |
| Darstellung Entwicklungsaufwand | Aufzeigen des Entwicklungsaufwands für die wesentlichen Systemkomponenten |

**Bild 4.2:**   Beschreibungsschema für die Beispielszenarien

Die Beschreibung der Beispielszenarien erfolgt für die bereits oben definierten Dienstleistungsbereiche.

# Fernmanipulierte Endoskope

Medizin

---

**❶ Kurzbeschreibung / Idee**

- Fernmanipulierte Betätigung von Werkzeugen und Instrumenten im Bereich schwer zugänglicher Körperpartien bei minimalem Operationstrauma

---

**❷ Derzeitige Tätigkeitsausführung**

- Im wesentlichen erfolgt die Betätigung des Endoskops, der Werkzeuge und Instrumente fernmanipuliert. Aktionssequenzen können teil- oder im Extremfall vollautomatisiert ablaufen

---

**❸ Hauptfunktionen / wesentliche Leistungsdaten**

- Endoskop ist starr in Längs-, flexibel in Radialrichtung
- Vorderteil mit durch Mikroaktoren (leicht) orientierbarem Kopf
- Im vorderen Kopfbereich befinden sich Instrumente und Werkzeuge:
  - Elekroden
  - Strahlaustritt, evtl. Strahlablenkung
  - schneidende Werkzeuge
  - Saug- / Spüleinrichtung
  - Stereobildleiter, Lichtleiterausgang
- Endoskop wird durch eine Koordinate (Vortrieb) bewegt. Richtungsänderung erfolgt durch orientierbaren Kopf (in mindestens zwei Krümmungsrichtungen)
- Chirurg steuert über (HDTV-)Stereobildschirm oder Head-Mounted-Display entweder anhand echter Bilder oder evtl. generierter, digital aufbereiteter Bilder
- Interaktive Bedienung / Steuerung der Werkzeuge, Instrumente
- Auslösung und Initiierung vorprogrammierter Aufgabensequenzen

---

**❹ Beschreibung der Einsatzumgebung**

- Endoskop wird in Körperregionen (Gehirn, Rückenmark etc.) eingebracht. Richtungsänderung durch orientierbaren Kopf bei gleichzeitigem langsamen Vorschub
- Positionskontrolle durch Sicht, aber auch durch simultan messende Diagnoseeinrichtungen

**❺ Technisiertes Szenario / Ablaufbeschreibung**

- Operationstisch mit justierbarer (bzw. aktiv verfahrbarer) Halterung. Diese fixiert bzw. verfährt das Endoskop in Längsrichtung
- Steuerung des Endoskopes erfolgt nach Sicht (Stereo) unter Zuhilfenahme eingeblendeter Zusatzinformationen (Diagnosebilder etc.) über geeignete Bediengeräte
- Werkzeuge werden entsprechend nach Operationsstrategie eingesetzt. Die Bedienung erfolgt mittels Teleoperation. Dabei können Aktionssequenzen teilautomatisiert ablaufen

**❻ Skizze der Lösung**

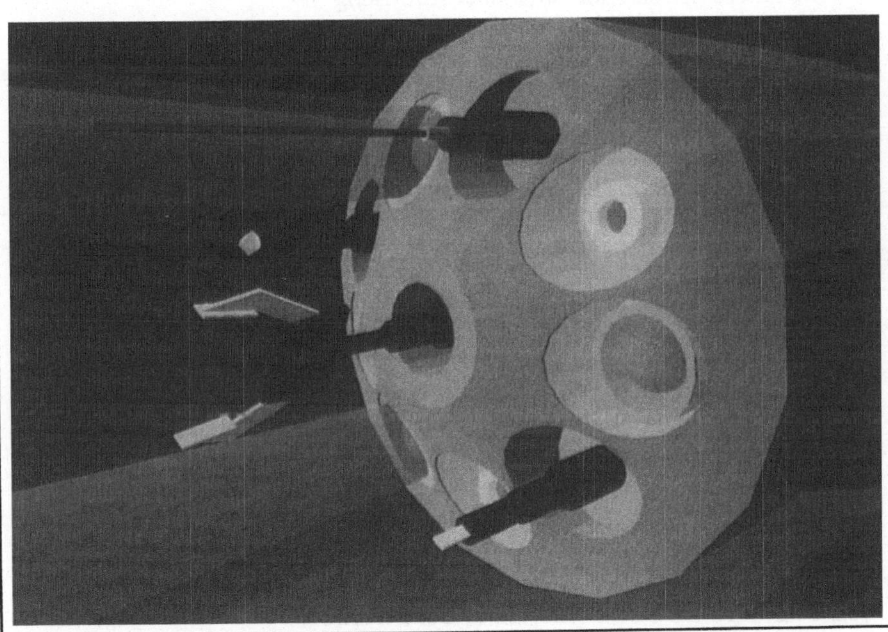

**❼ Kritische Teilfunktionen / Schlüsselkomponenten**

- Entwicklung bedeutet erheblichen Technologiesprung in der Chirurgie
- Geschätzter Aufwand bis zur Prototypenerprobung: ca. 10 Mio. DM
- Basistechnologien:

  - Mikrosystemtechnik:
      Mikroinstrumente/Werkzeuge
      Laserscanner
  - Modellierung:
      Echtzeitkantensegmentierung (digitale Graphikbearbeitung)
- Teilsysteme:

  - MMI: Stereovision HMD mit hoher Auflösung
  - Antriebe: mit integrierter Elektronik (Strom-, Signalbus, begrenzte Anzahl an Leitungen)
  - Kinematik: Mikroaktoren
  - Sensoren: Glasfaserbildleiter $\geq$ 100000 Fasern
  - Steuerung: Manipulatorsteuerung, evtl. mit Force-Feedback
  - Schulung (Simulation), Dokumentensysteme

**❽ Nutzwert / Bedarfssituation / Marktpotential** (Bundesrepublik Deutschland)

- Nutzen:

  - Verringerung des Operationstraumas
  - kurze Rekonvaleszenzzeiten
  - Potential neuer chirurgischer Heilverfahren
  - Interaktion mehrerer Chirurgen (von verschiedenen Orten)
  - Nutzung aller Patientendaten durch Präsimulation

- Marktpotential:
  ca. 80 neurochirurgische Kliniken in Deutschland
  ca. 200 in Europa und den USA (jeweils)
  Langfristiges Marktpotential von ca. 500 Einheiten

**❾ Innovation / Aspekte der Markteinführung**

- Hohe Investitionskosten

**⑩  Entwicklungsaufwand**

| Teilsystem | Beschreibung | | For-schung | Ent-wick-lung | Pro-dukt |
|---|---|---|---|---|---|
| Kinematik | hochbewegliche (redun-dante) Kinematiken: | Mikrokinematik, rotatorische Freiheitsgrade im Vorderende | ● | | |
| | flexible Achsen: | flexible Endoskopleitung, flexible Glieder im Mikrokinematikbereich | ● | | |
| Endeffektor | Sensorintegration: | Stereovision | ● | | |
| | Multifunktionsgreifer und -werkzeug: | mikrosystemtechnische Werkzeuge (kinem.) Strahlumlenkung (Scanner) | ● | | |
| Antriebs-technik | Energiewandlung: | Mikroaktoren | ● | | |
| | Zustandserfassung: | Kraft-Moment-Feedback, miniaturisiert | ● | | |
| Energie-versorgung | Energiespeicher: | konventionell elektrisch, Netz | | | ● |
| | Energieübertragung: | konventionell elektrisch, Netz | | | ● |
| | Energieergänzung: | konventionell elektrisch, Netz | | | ● |
| Bewegungs-plattform | | | | | |
| Sensorik | Kollisionsschutz: | on-line Positionsvermessung | ● | | |
| | Lageregelung: | Kraft-Moment-Regelung | ● | | |
| | tastende und ver-folgende Bewegung: | takiles Feedback für Teleoperation | ● | | |
| | Andocken: | nicht notwendig | ● | | |
| Steuerung | programmgesteuerte Bewegung: | teleoperiert, teilautomatisierte Bewegungssequenzen | ● | | |
| | funktionsorientierte, modellgestützte Bew.: | teleoperiert, teilautomatisierte Bewegungssequenzen | ● | | |
| | verhaltensorientierte Bewegung: | teleoperiert, teilautomatisierte Bewegungssequenzen | ● | | |
| MMI | Interaktion: | takiles Feedback, präzise 6D-Eingabe-geräte, Stereovision | ● | | |

# Aktive Kinematik für chirurgische Eingriffe

Medizin

**❶ Kurzbeschreibung / Idee**
- Führung von Instrumenten, Werkzeugen und Diagnoseeinrichtungen bei chirurgischen Eingriffen

**❷ Derzeitige Tätigkeitsausführung**
- Manuelle Führung bzw. Fixierung von Operationsbestecken/ Werkzeugen durch einfache Spannvorrichtungen, stereotaktische Ringe etc.

**❸ Hauptfunktionen / wesentliche Leistungsdaten**
- Mehrachsige Kinematik kann beliebige Lagen, Orientierungen des Operationstisches einnehmen. Wahlweise Deckenbefestigung (wenn statisch möglich) oder Bodenbefestigung
- Im Bereich des Endeffektors befindet sich eine flexible Werkzeug- und Instrumentenaufnahme
- Tragkraft: ca. 10-15 kg
- Kinematik ist gewichtsausgeglichen und elektrisch angetrieben
- Bahnbewegungen sind vorzusehen
- Evtl. Kombination des Systems mit on-line-Diagnoseinstrumenten zur Kalibrierung des Eingriffsgebietes mit aktiver Kinematik. Gleichzeitig kann bei Deckenmontage die Lampensteuerung etc. mit der Manipulatorplattform integriert werden

**❹ Beschreibung der Einsatzumgebung**
- Operationsraum bei chirurgischen Eingriffen
- Positionskontrolle durch messende Diagnoseeinrichtungen, außerdem Sichtkontrolle durch Operateur

**❺ Technisiertes Szenario / Ablaufbeschreibung**
- Verfahrmöglichkeiten sind:
  rein manuell, d.h. stromlos geschaltete Antriebe bzw. arretierte Kinematiken
  handgesteuert über 3D-Eingabegeräte direkte Bewegungsübertragung
  programmgesteuertes Abfahren vorprogrammierter (vorsimulierter) Bahnen mit Übersteuermöglichkeit

**⑥ Skizze der Lösung**

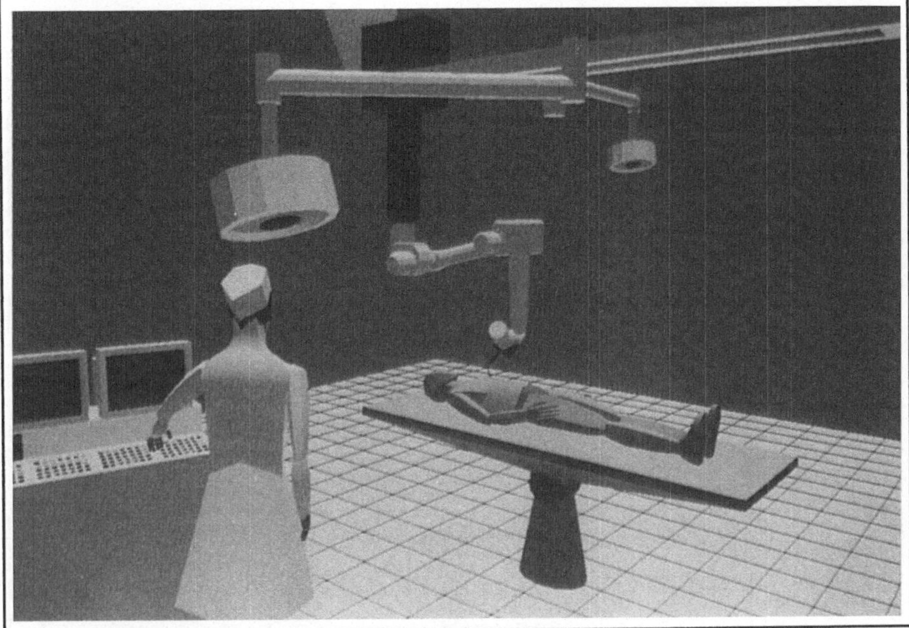

**⑦ Kritische Teilfunktionen / Schlüsselkomponenten**
- Sichere Bedienung durch geeignete Mensch-Maschine-Schnittstellen, steife, trotzdem leichte und gut schwingungsdämpfende mechanische Konstruktion
- Endoskopsteuerung über taktiles Feedback
- Sterilisierbare, autoklavierbare Komponenten im Endeffektorbereich

**⑧ Nutzwert / Bedarfssituation / Marktpotential** (Bundesrepublik Deutschland)
- Anwendungsmöglichkeiten in der Chirurgie, Gastroenterologie, Kardiologie, Radiologie, Urologie, Orthopädie, Neurochirurgie, Hals- Nasen- Ohren-, Augenheilkunde
- Vergleich:            derzeit ca. 10 000 Operationssäle in Deutschland
                       ca. 30 000 innerhalb der EU

  Geschätzter Bedarf:   50 - 100 Einheiten pro Jahr

**⑨ Innovation / Aspekte der Markteinführung**
- Hohe Investitionskosten
- Hoher Installationsaufwand
- Umfangreiche Zusatzkosten für Qualifikation und Betrieb

## ⑩ Entwicklungsaufwand

| Teilsystem | Beschreibung | | For-schung | Ent-wick-lung | Pro-dukt |
|---|---|---|---|---|---|
| Kinematik | hochbewegliche (redundante) Kinematiken: | mehrachsiges Handhabungsgerät | | ● | |
| Endeffektor | Sensorintegration: | Stereovision | | ● | |
| | Multifunktionsgreifer und -werkzeug: | flexible Werkzeug- u. Instrumenten-aufnahme | | ● | |
| Antriebstechnik | Energiewandlung: | elektrisch/mechanisch und manuell | | | ● |
| | Übertragung: | elektrisch | | | ● |
| Energieversorgung | Energiespeicher: | konventionell elektrisch, Netz | | | ● |
| | Energieübertragung: | konventionell elektrisch, Netz | | | ● |
| | Energieergänzung: | konventionell elektrisch, Netz | | | ● |
| Bewegungsplattform | | | | | |
| Sensorik | Lageregelung: | Kraft-Momentregelung | ● | | |
| | tastende und verfolgende Bewegung: | taktiles Feedback | ● | | |
| Steuerung | programmgesteuerte Bewegung: | Abfahren vorprogrammierter Bahnen | | | ● |
| | funktionsorientierte, modellgestützte Bew.: | vorsimulierte Bahnen | | ● | |
| MMI | Kommunikation: | 3D-Eingabegeräte | | | ● |
| | Interaktion: | taktiles Feedback im Endeffektorenbereich | ● | | |

# Faltbarer mobiler Rollstuhl

Rehabilitation

---

**❶ Kurzbeschreibung / Idee**

- Ein Rollstuhl wird automatisch zum Kfz-Kofferraum bewegt und dort gefaltet verstaut

---

**❷ Derzeitige Tätigkeitsausführung**

- Gehbehinderter fährt an das Kfz, wechselt vom Rollstuhl auf den Kfz-Sitz (dafür gibt es geeignete Hilfen). Eine weitere Person faltet und verstaut den Rollstuhl im Kofferraum bzw. inverse Tätigkeitsfolge beim Wechsel vom Autositz auf den Rollstuhl

---

**❸ Hauptfunktionen / wesentliche Leistungsdaten**

- Andocken des Rollstuhls an das Kfz
- Öffnen des Kofferraums
- Falten des Rollstuhls und Führen in den Kofferraum
- Verstauen im Kofferraum
- Schließen des Kofferraums
- Invertierte Tätigkeitsfolge beim Entladen

---

**❹ Beschreibung der Einsatzumgebung**

- Für weites Spektrum an Kfz mit minimalem Aufwand einrichtbar
- Beaufsichtigte Aufgabenausführung

---

**❺ Technisiertes Szenario / Ablaufbeschreibung**

- Kfz verfügt über nachrüstbare Transportschiene, Kofferraumöffner, -schließer
- Transport bzw. Faltarmkinematik für Stuhltransport
- Initiierung des Vorganges durch Schalter
- Einfache Sicherheitseinrichtung (Überlast)

**⑥ Skizze der Lösung**

**⑦ Kritische Teilfunktionen / Schlüsselkomponenten**

- Einfache, sichere Bedienung durch geeignete Mensch-Maschine-Schnittstelle

**⑧ Nutzwert / Bedarfssituation / Marktpotential** (Bundesrepublik Deutschland)

- Nach ersten Umfragen könnten sich über 80% der Rollstuhlfahrer, die Autofahrer sind, diese Lösung bei einem Anschaffungspreis von ca. 10 000.- DM vorstellen
- Zahl der Rollstuhlfahrer mit eigenem PKW: ca. 25 000 in Deutschland
- Bundesweites Marktpotential bei oben genanntem Anschaffungspreis: ca. 25 Millionen DM

**⑨ Innovation / Aspekte der Markteinführung**

- Bezuschussungsregelung der Versorgungsämter wirkt der Verbreitung entgegen. Die meisten Behinderten zählen zu niedrigen Einkommensgruppen

**⑩  Entwicklungsaufwand**

| Teilsystem | Beschreibung | | For-schung | Ent-wick-lung | Pro-dukt |
|---|---|---|---|---|---|
| Kinematik | hochbewegliche (redun-dante) Kinematiken: | einfachste Kinematik (Führungssystem, Transport, Faltbügel) | | • | |
| Endeffektor | | | | | |
| Antriebs-technik | Energiewandlung: | Elektromotor | | • | |
| Energie-versorgung | Energiespeicher: | Autobatterie | | | • |
| Bewegungs-plattform | | | | | |
| Sensorik | Kollisionsschutz: | Kraftbegrenzung | | • | |
| | Andocken: | manuell mit Andockhilfe | | • | |
| Steuerung | | | | | |
| MMI | Kommunikation: | Einfachstinterface | | | • |

# Transport- und Handhabungs-
# aufgaben im Ausbaugewerbe

**Baugewerbe**

## ❶ Kurzbeschreibung / Idee

- Transport- und Handhabungsaufgaben im Ausbaugewerbe

## ❷ Derzeitige Tätigkeitsausführung

- Eine Vielzahl von Transport- und Handhabungsaufgaben wird heute ausschließlich manuell ausgeführt
- Starke Belastung verbunden mit ungünstiger Körperhaltung der Werker bei Transport und Handhabung von schweren Gegenständen (z. B. Fenster, Türen oder Heizkörper)
- Zusätzliche Belastung durch ungünstige Einbaulagen und Überkopfmontage, z. B. von Beleuchtungskörpern
- Durch unsachgemäße Transporte entstehen heute im Ausbaugewerbe zum Teil erhebliche Materialschäden, die einen beträchtlichen organisatorischen Aufwand verursachen

## ❸ Hauptfunktionen / wesentliche Leistungsdaten

- Mobiles, manuell gesteuertes Fahrzeug
- Geländegängig, Treppensteigen möglich
- Stabile, mit Stützen sicherbare, verwindungssteife Plattform
- Integriertes Handhabungsgerät zur Unterstützung des Werkers
- Einfach gehaltene Bedienerschnittstelle, die ohne spezielles Einlernen oder Schulen der Werker verständlich ist
- Der Bediener nimmt mit dem Handhabungsgerät ein Werkstück auf und positioniert es zum Einbau an der gewünschten Stelle
- Unabhängig von zentraler Energieversorgung
- Energie zum Betrieb der Werkzeuge wird bereitgehalten
- Vorratsbehälter für Werkzeuge vorhanden

## ❹ Beschreibung der Einsatzumgebung

- Alle Einsatzumgebungen des Ausbaugewerbes einschließlich Gebäudesanierung
- Feuchte, staubige, unebene Flächen
- Einsatz im Freien und in Gebäuden

**❺ Technisiertes Szenario / Ablaufbeschreibung**

- Gerät wird manuell oder mit Hilfe des Handhabungsgerätes beladen
- Werker steuert das Fahrzeug an den Einsatzort. Einfache Sensorik verhindert Kollisionen
- Am Einsatzort werden die Stützen ausgefahren und mit dem Handhabungsgerät die Werkstücke zur Montage in Position gebracht
- Das Werkstück wird eingebaut

**❻ Skizze der Lösung**

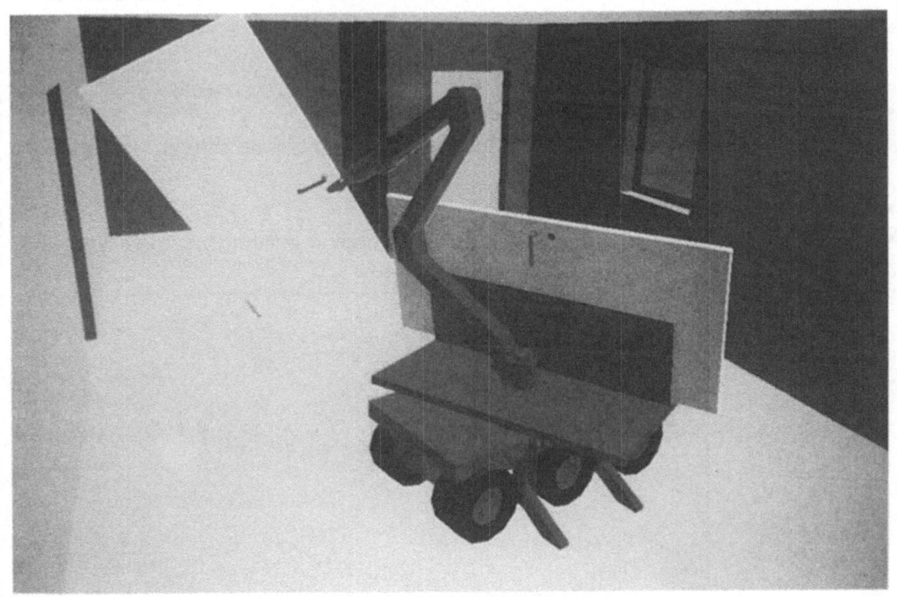

**❼ Kritische Teilfunktionen / Schlüsselkomponenten**

- Leichtbaukinematik
- Flexibler Endeffektor
- Sicherheitstechnik (Überlastsicherung, Kippschutz)
- Einfache und robuste Bedienerschnittstelle

---

**❽ Nutzwert / Bedarfssituation / Marktpotential** (Bundesrepublik Deutschland)

- Entlastung der Werker von schwerer körperlicher Arbeit
- Aufwertung der Arbeitsplätze
- Insgesamt 16.909 Betriebe im Ausbaugewerbe mit 451.955 Mitarbeitern
- Gesamtumsatz 1991:   54,5 Milliarden  DM
- Investitionen 1991:     1,5 Milliarden DM
- Hoher Krankenstand, bei älteren Beschäftigten überwiegend Schädigungen im Bereich der Wirbelsäule bedingt durch hohe Handhabungsgewichte und ungünstige Arbeitspositionen
- Marktpotential BRD:  > 10.000 Geräte
- Einsatz auch in weiteren Bereichen möglich

---

**❾ Innovation / Aspekte der Markteinführung**

- Vergleichsweise hohe Investitionen notwendig
- Durch hohe Stückzahlen und Modulbauweise muß ein attraktiver Gerätepreis erzielt werden
- Geringe Technikakzeptanz
- Verfügbarkeit muß sehr hoch sein, da überwiegend leistungsbezogener Lohn bezahlt wird

**⑩    Entwicklungsaufwand**

| Teilsystem | Beschreibung | | For-schung | Ent-wick-lung | Pro-dukt |
|---|---|---|---|---|---|
| Kinematik | hochbewegliche (redun-dante) Kinematiken: | 6 - Achsen - Kinematik | | ● | |
| Endeffektor | Multifunktionsgreifer und -werkzeug: | Multifunktionswerkzeugaufnehmer | | ● | |
| Antriebs-technik | | | | | ● |
| Energie-versorgung | | | | | ● |
| Bewegungs-plattform | | | | | ● |
| Sensorik | Kollisionsschutz: | Erkennen von Hindernissen und Raumbegrenzungen (optisch, US) | | ● | |
| Steuerung | | | | | ● |
| MMI | Kommunikation: | mit Bediener evtl. mit anderen HHS | | ● | |

# Automatisches Verputzen von Innenwänden

Baugewerbe

---

**❶ Kurzbeschreibung / Idee**
- Automatisches Verputzen von Innenwänden

---

**❷ Derzeitige Tätigkeitsausführung**
- Vorbereiten des Untergrunds, Anbringen von Putzeckprofilen, Profilen zur Putzdickenbestimmung und gegebenenfalls Putzträgern (Drahtgitter, Rohrmatten, etc.)
- Aufbringen des Putzes erfolgt in den meisten Fällen unter Verwendung von kombinierten Mörtelmisch- und Pumpmaschinen. Düsenführung manuell durch den Verputzer
- Manuelles Glattziehen des Putzes unter Zuhilfenahme einfacher Werkzeuge wie Glättkelle, Reibbrett oder ähnlichem

---

**❸ Hauptfunktionen / wesentliche Leistungsdaten**
- Putzroboter muß aus mehreren kleinen und leichten Modulen zusammengesetzt werden können, die sich einfach montieren und demontieren lassen und einfach zu transportieren sind
- Linearachsen, mit denen eine Beweglichkeit in der Ebene realisiert werden kann. Die Achsen müssen sich schnell aufbauen und verspannen lassen
- Kinematik, die zur Führung der Düse und des Glättwerkzeuges dient
- Mehrere Werkzeuge, falls als Oberputz ein Strukturputz gewünscht ist
- Sensorik zur Messung des Abstands zwischen Werkzeug und Wand, damit das Werkzeug immer den gewünschten Abstand zur Wand hat
- Sensorik zur Erfassung der Putzdicke
- Sensorik zur Erkennung von Fehlern im Putzuntergrund, wie beispielsweise Risse im Mauerwerk oder verlegte Stromkabel, um die Menge des zuzuführenden Putzes zu steuern
- Einfache Mensch-Maschine-Schnittstelle mit der Möglichkeit einfacher Eingaben, wie z. B. gewünschte Putzdicke, Wahl der Struktur bei Strukturputz, Putzart
- Sensorik zur Erfassung von anderen beweglichen Objekten im Arbeitsraum des Roboters
- Werkzeug, in dem die beiden Funktionen "Aufbringen Putz" und "Glattziehen" integriert sind
- Sonderwerkzeuge für Strukturputz
- Das System sollte aus einer kostengünstigen Basisversion bestehen, die sich bei Bedarf ausbauen läßt (sowohl von den Leistungsmerkmalen der Steuerung wie auch von der Mechanik)

❹ **Beschreibung der Einsatzumgebung**
- Einsatz auf der Baustelle für den Rohbau
- Feuchtigkeit, Staub
- Roboter muß zusammen mit Menschen arbeiten

❺ **Technisiertes Szenario / Ablaufbeschreibung**
- Verspannen von Stützen, die gleichzeitig als Achsen für die Auf- und Abbewegung des Roboters zwischen Decke und Boden dienen. Bei sehr langen Wänden können mehrer Stützen in Reihe gesetzt werden
- Einhängen der Verbindungsachse(n) zwischen den Stützen. Diese Verbindungsachse dient gleichzeitig als Längsachse des Roboters
- Einhängen der Kinematik zur Führung der Werkzeuge und Anbringung der Werkzeuge
- Anschließen der Energieversorgung (elektrisch) und der Werkstoffzufuhr
- Wahl der Putzart und der Schichtdicke
- Automatisches Einmessen des Roboters zur Wand über die zu bearbeitende Fläche
- Ausführen der Putzarbeiten durch den Roboter, wobei durch das Glättwerkzeug gleichzeitig der Putz zugeführt wird
- Abbau des Roboters in umgekehrter Reihenfolge wie beim Aufbau

❻ **Skizze der Lösung**

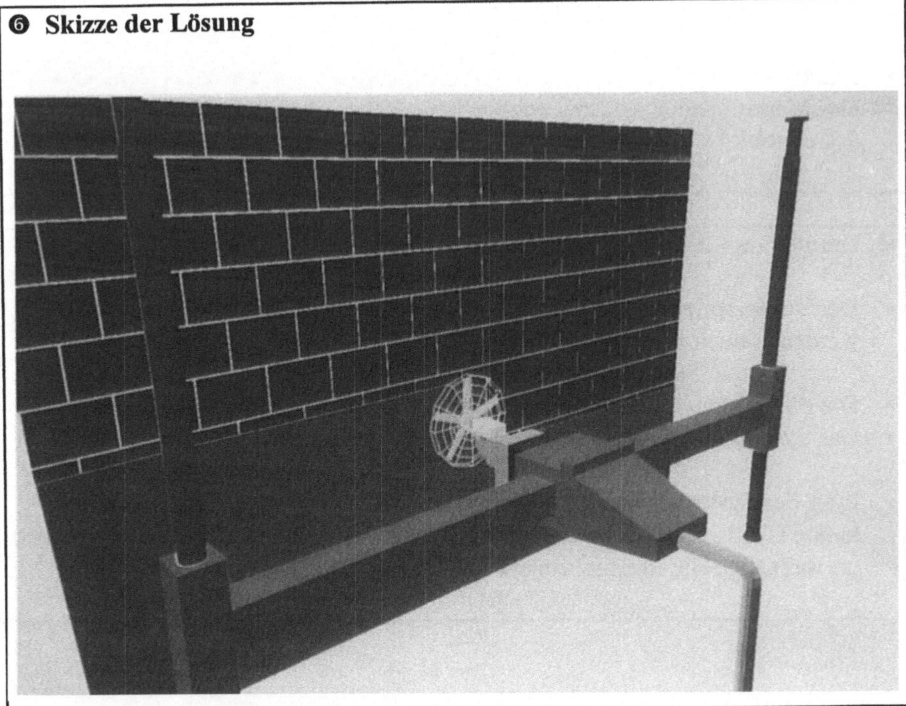

---

**❼ Kritische Teilfunktionen / Schlüsselkomponenten**

- Sensorik zur Messung der Putzdicken

- Integriertes Werkzeug zum Aufbringen und Glattziehen des Werkstoffs

---

**❽ Nutzwert / Bedarfssituation / Marktpotential** (Bundesrepublik Deutschland)

- Anzahl der in der Bundesrepublik eingesetzten Mörtel- und Verputzgeräte (1992): 23 146

- Anzahl der Betriebe in der Bundesrepublik (1992): 7714

- Beschäftigungstruktur:

| | |
|---|---|
| Betriebsgröße 1-19 | 7252 |
| Betriebsgröße 20-49 | 393 |
| Betriebsgröße 50-99 | 56 |
| Betriebsgröße 100-199 | 11 |
| Betriebsgröße 200-499 | 2 |

- Beschäftigte insgesamt (1992): 53 393

- Marktpotential:
Das Marktpotential liegt bei entsprechender Preisgestaltung in der Bundesrepublik Deutschland grob geschätzt bei etwa 2000 Stück

---

**❾ Innovation / Aspekte der Markteinführung**

- Der Verputzroboter muß ebenso einfach wie schnell auf- bzw. abgebaut werden können und robust sein

- Die Putzleistung muß signifikant über der des Putzens von Hand liegen
- Das System muß einfach zu bedienen sein

- Preis des Systems. Da es sich bei den meisten potentiellen Anwendern um kleine Handwerkbetriebe handelt, muß eine Verputzroboter auch entsprechend preisgünstig sein; Preisgrenze etwa 50 000.- DM

**⑩  Entwicklungsaufwand**

| Teilsystem | Beschreibung | For-schung | Ent-wick-lung | Pro-dukt |
|---|---|---|---|---|
| Kinematik | Einfache Kinematik mit drei rotatorischen Achsen zur Werkzeugführung | | | • |
| Endeffektor | Multifunktionswerkzeug zum Aufbringen und Glätten des Putzes | | • | |
| Antriebs-technik | elektrische Direktantriebe aller Achsen | | | • |
| Energie-versorgung | Energiezufuhr über Kabel | | | • |
| Bewegungs-plattform | Linearachsen mit Bewegungsmöglichkeit in der Ebene (x-y-Beweglichkeit) | | | • |
| Sensorik | Sensor zur Erfassung von Arbeitsqualität und Arbeitsfortschritt | • | | |
| | Sensor zur Konturverfolgung | • | | |
| | Sensor zur Erkennung von Fehlstellen, Rissen und Durchbrüchen in der verputzten Wand | • | | |
| Steuerung | Steuerung erkennt aufgrund von Sensordatei und generiert automatisch fahrende Bahnen | • | | |
| | Manuelle Übersteuerung autom. Bewegungsabläufen | | • | |
| MMI | Tastenfeld/ Joystick zur Befehlseingabe | | | • |
| | Display zur Ausgabe von Meldungen | | | • |

# Roboter zum Verlegen von
# Wand- und Bodenfliesen

**Baugewerbe**

---

**❶ Kurzbeschreibung / Idee**
- Roboter zum Verlegen von Wand und Bodenfliesen

---

**❷ Derzeitige Tätigkeitsausführung**
- Vorbereiten des Untergrunds
- Bei Bedarf ist die Fliese vor dem Verlegen auf Maß zuzuschneiden
- Kleber auf die Rückseite der Fliese aufbringen
- Fliese positionieren und andrücken
- Fliese halten bis Klebstoff angetrocknet ist
- Verfugen der Fliesen nach dem Verlegen

---

**❸ Hauptfunktionen / wesentliche Leistungsdaten**
- **Kinematik:** Sechsachskinematik zum Positionieren und Orientieren
- **Endeffektor:** Greifer zum Aufnehmen und Halten der Kacheln, eventuell Mehrstückgriff bei großen Flächen
- **Energieversorgung:** Elektrische Energie
- **Bewegungsplattform:** Mobile Plattform, die sich über kleine Hindernisse hinwegbewegen und sich automatisch im Raum positionieren kann. Niedriger Bodendruck notwendig
- **Sensorik:** Erkennen stehender und bewegter Hindernisse
  Vermessen der Position im Aufstellraum
  Erkennen des Ansetzpunktes für die zu verlegende neue Fliese
  Sensorik zur Überwachung der Klebstoffaufbringung
  Sensorik zur Überprüfung der Haftung der jeweils verlegten Fliese
- **Steuerungstechnik:** Modellgestützte Steuerung der Bewegungsplattform auf der Basis von CAD-Daten des Raumes
  Modellgestützte Kinematiksteuerung mit vorgegebenem Verlegemuster
- **Mensch-Maschine-Schnittstelle:** Interaktion Mensch-Maschine, einfache Auswahl von Verlegemuster, Arbeitsaufgaben, Fliesenart und Klebstoff
  Übersteuerung des Automatikbetriebes von Hand
  Fehlermeldung, Ausgeben von Handlungsanweisungen
- **Zusatzeinrichtungen:** Klebstoffaufbringung auf die zu verlegende Kachel mit Klebstoffbehälter, Vorratsbehälter für Fliesen

---

**❹ Beschreibung der Einsatzumgebung**
- Einsatz auf der Baustelle - Rohbau
- Feuchtigkeit und Staub
- Roboter muß zusammen mit Menschen arbeiten

**❺ Technisiertes Szenario / Ablaufbeschreibung**

- Verlegeroboter in den gewünschten Raum bringen, Anschließen an Energieversorgung, Auffüllen des Fliesenvorrats
- Übergabe der CAD-Daten des Raumes (beispielsweise als Diskette) mit anschließendem Referieren des Roboters im Raum
- Eingabe des gewünschten Startpunktes
- Entnehmen einer Fliese aus dem Vorratsbehälter
- Schneiden der Fliese auf das gewünschte Maß, falls eine Sonderabmessung notwendig ist
- Fliese zur Klebemittelaufbringung führen und mit Klebstoff bestreichen
- Fliese in gewünschte Position und Orientierung bringen und ansetzen
- Anpressen und Halten der Fliese, bis der Klebstoff soweit trocken ist, daß die Fliese genügend Halt hat
- Nach dem Verlegen der Fliesen im Arbeitsraum der Roboterkinematik versetzt sich die Bewegungsplattform bei Bedarf automatisch zur nächsten Verlegestelle
- Je nach Greifer kann der Roboter eine oder mehrere Fliesen gleichzeitig aufnehmen

**❻ Skizze der Lösung**

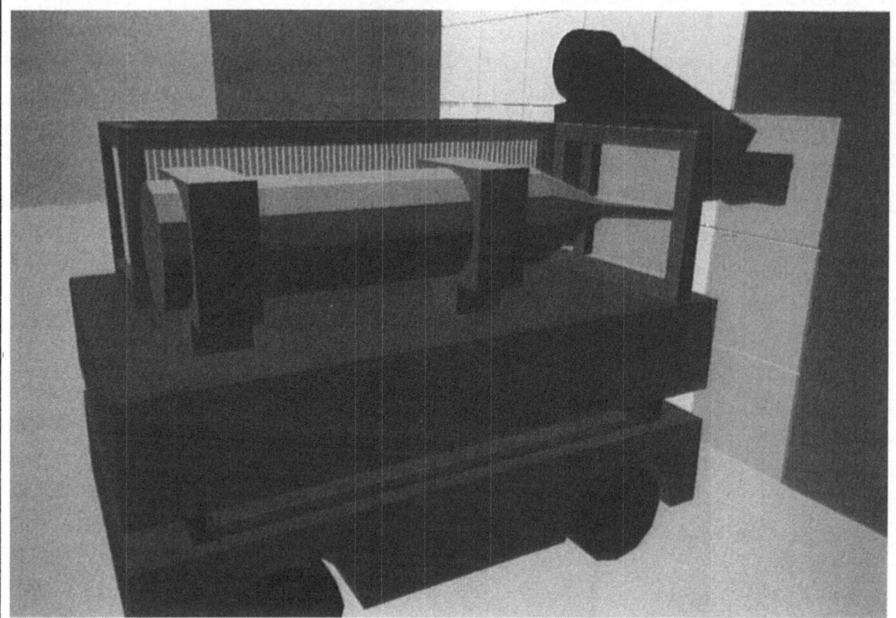

---

**❼ Kritische Teilfunktionen / Schlüsselkomponenten**

- Bewegungsplattform mit Sensorik zum Einmessen des jeweils neuen Aufstellortes

---

**❽ Nutzwert / Bedarfssituation / Marktpotential** (Bundesrepublik Deutschland)

- Der Fliesenleger wird von gesundheitsschädlicher Arbeit entlastet, da gerade beim Verlegen von Bodenfliesen die Tätigkeit kniend ausgeführt werden muß

- Höhere Verlegeleistung

- Gleichmäßigere Qualität

- Lohnkostenanteil bei Fliesenlegen etwa 40 %

- Marktpotential
  (grob geschätzt) :     1000 Stück
                         Stückpreis etwa 70 000.- DM

---

**❾ Innovation / Aspekte der Markteinführung**

- Akzeptanz bei den Anwendern gegenüber der "komplizierten" Technik. Gerät muß sehr einfach zu bedienen sein

- Systempreis

**⑩ Entwicklungsaufwand**

| Teilsystem | Beschreibung | For-schung | Ent-wick-lung | Pro-dukt |
|---|---|---|---|---|
| Kinematik | Roboterkinematik mit sechs rotatorischen Achsen | | | |
| Endeffektor | sensorintegriertes Werkzeug zum Aufnehmen, Halten der Fliesen und zur Überprüfung der Haftung | | | |
| Antriebs-technik | elektrische Direktantriebe für alle Achsen | | | |
| Energie-versorgung | Energieübertragung mittels Kabel | | | |
| Bewegungs-plattform | freie Bewegung im Raum: Überwindung kleiner Hindernisse | | | |
| Sensorik | Sensorführung zur Navigation<br><br>Erkennen und Erfassen bewegter und statischer Hindernisse im Raum<br><br>Erkennen des Arbeitsfortschritts<br><br>Überprüfung der Fliesenhaftung | | | |
| Steuerung | funktionsorientierte modellgesütze Bew.  CAD-Daten des Raumes und des Verlegemusters<br><br>verhaltensorientierte Bewegung  autom. Ausgleich von geom. Abweichungen zwischen Modell und Realität<br><br>manuelle Übersteuerung autom. Bewegungen | | | |
| MMI | Tastenfeld zur Befehlseingabe<br><br>Display zur Ausgabe von Meldungen | | | |

## Multifunktionaler Roboter zum Verlegen von Fließestrich

**Baugewerbe**

---

**❶ Kurzbeschreibung / Idee**

- Estrichroboter: Multifunktionales System zum Ausbringen, Entlüften und Abschleifen von Fließestrich. Einfache Systeme, die nur Teilfunktionen erfüllen, beispielsweise Abschleifen, sind denkbar

---

**❷ Derzeitige Tätigkeitsausführung**

- Vorbereiten und Abdichten des Untergrundes
- Ausbringen des Fließestrichs. Der Estrich wird zum Verlegeort gepumpt, vor Ort ist von einem Mitarbeiter der Endschlauch zu führen
- Entlüften des Estrichs mit einem Estrichbesen oder einer Stachelwalze
- Nach dem Trocknen: Abschleifen der obersten Sinterschicht, um einen saugfähigen Untergrund für das Aufbringen des Bodenbelags zu bekommen

---

**❸ Hauptfunktionen / wesentliche Leistungsdaten**

- Kinematik: Einfache Kinematik zur Führung des Endschlauchs beim Verteilen des Fließestrich
- Endeffektor: Werkzeug zum Entlüften des ausgebrachten Fließestrichs, Schleifwerkzeug zum Abschleifen des trockenen Estrichs
- Energieversorgung: Elektrische Energie, kontinuierliche Energiezufuhr beim Ausbringen und Schleifen, beim Entlüften Energiezufuhr mit eigenem Energiespeicher, z. B. Batterie
- Bewegungsplattform: Mobile Plattform, die sich über kleine Hindernisse wie Heizrohre hinwegbewegen und zum Entlüften des Estrichs durch eine bis zu 50 mm hohe Schicht Fließestrich bewegen kann. Niedriger Bodendruck notwendig
- Sensorik: Erkennen stehender und bewegter Hindernisse im Arbeitsraum des Estrichverlegeroboters
  - Sensorik zur Erfassung der Position und Navigation im Raum
  - Sensorik zur Überprüfung der Arbeitsqualität und des Arbeitsfortschritts
  - Sensorik zur Messung des Fließverhaltens des Estrichs beim Ausbringen
- Steuerungstechnik: Modellgestützte Bewegungssteuerung auf der Basis von CAD-Daten des Raumes
- Mensch-Maschine-Schnittstelle: Interaktion Mensch-Maschine, einfache Auswahl von Arbeitsprogrammen, Arbeitsaufgaben, Materialart, Übersteuerung des Automatikbetriebes von Hand
  Meldung von Fehlern bei Systemstörung und Ausgeben von Handlungsanweisungen
- Zusatzeinrichtungen: Saugeinrichtung zum Absaugen des Schleifstaubs

**❹ Beschreibung der Einsatzumgebung**
- Einsatz auf der Baustelle im Rohbau, hohe Feuchtigkeit beim Ausbringen von Fließestrich, starke Staubentwicklung beim Abschleifen
- Roboter muß zusammen mit Menschen arbeiten

**❺ Technisiertes Szenario / Ablaufbeschreibung**
- Ausbringen der Fließestriche: Verlegeroboter in den gewünschten Raum bringen, anschließen Energie und Materialversorgung
  Übergabe der CAD-Daten des Raumes (beispielsweise als Diskette) mit anschließendem Referieren des Roboters im Raum
  Startpunkt und Materialart durch den Bediener eingeben
  automatische Bahngenerierung
- Entlüften: Nach dem Ausbringen wird die Bodenfläche mit dem Entlüftungswerkzeug im Eingriff durchfahren
- Abschleifen: Starten des Schleifvorgangs nach dem Trocknen mit gleichzeitigem Absaugen des entstehenden Staubs. Sinnvoll ist die Schaffung von drei getrennten Geräten, die jeweils einzelne Arbeitsaufgaben wie Ausbringen, Entlüften und Abschleifen übernehmen. So ist es möglich, Arbeiten wie Ausbringen und Entlüften parallel durchzuführen

**❻ Skizze der Lösung**

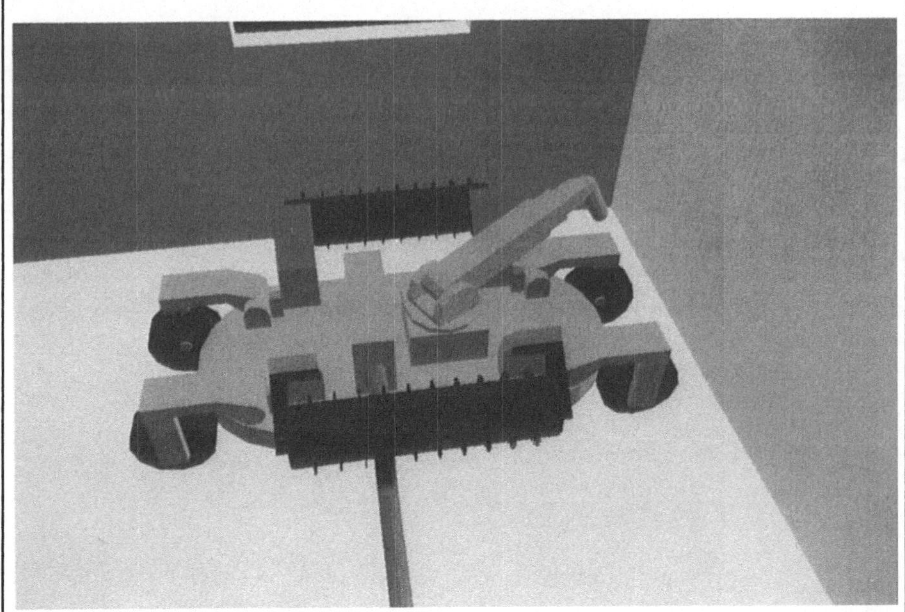

---

**❼ Kritische Teilfunktionen / Schlüsselkomponenten**

- Sensorik zur Überprüfung der Arbeitsqualität beim Ausbringen und Schleifen

- Energieversorgung: Kabelführung und Betrieb ohne Kabel

- Fahrwerk

---

**❽ Nutzwert / Bedarfssituation / Marktpotential** (Bundesrepublik Deutschland)

- Estrichleger wird von gesundheitsschädlicher Arbeit entlastet

- Arbeitskräftemangel bei Estrichlegern

- Durch den Roboter als Hilfsmittel kann der einzelne Estrichleger eine höhere Verlegeleistung erzielen

- Gleichmäßigere Qualität

- Marktpotential
  (grob geschätzt) :     600 Stück
                         Stückpreis etwa 50.000.- DM

---

**❾ Innovation / Aspekte der Markteinführung**

- Akzeptanz bei den Anwendern gegenüber der "komplizierten" Technik. Gerät muß sehr einfach zu bedienen sein

- Systempreis

## ⑩ Entwicklungsaufwand

| Teilsystem | Beschreibung | For-schung | Ent-wick-lung | Pro-dukt |
|---|---|:---:|:---:|:---:|
| Kinematik | einfache Kinematik mit drei rotatorischen Achsen zur Schlauchführung | | | ● |
| Endeffektor | Schleifwerkzeug zum Abschleifen des Estrich | | | ● |
| Antriebs-technik | elektrische Antriebe<br><br>Direktantriebe für alle Achsen | | | ●<br><br>● |
| Energie-versorgung | kontinuierliche Energiezufuhr für die Ausbringung und das Abschleifen<br><br>Batterie als Energiespeicher beim Entlüften | | | ●<br><br>● |
| Bewegungs-plattform | freie Bewegung im Raum, Orientierung im Raum, Überfahren kleiner Hindernisse | | ● | |
| Sensorik | Sensorführung zur Navigation<br><br>Erkennen und Erfassen bewegter und statischer Hindernisse<br><br>Erkennen des Prozeßzustandes und des Arbeitsfortschritts<br><br>Kollisionsschutz | | ●<br><br>●<br><br>●<br><br>● | |
| Steuerung | Modellgestütze Bewegungssteuerung<br><br>Steuerung des Arbeitsablaufes aufgrund von Arbeitsqualität und -fortschritt<br><br>Manuelle Übersteuerung autom. Bewegungsabläufe | ● | ●<br><br><br>● | |
| MMI | Tastenfeld/ Joystick  zur Befehlseingabe<br><br>Display zur Ausgabe von Meldungen | | ●<br><br>● | |

# Roboter zum Verlegen von konventionellem Estrich

**Baugewerbe**

---

**❶ Kurzbeschreibung / Idee**

- Automatisches Verlegen von konventionellem Estrich

---

**❷ Derzeitige Tätigkeitsausführung**

- Mischen und Transportieren des Estrichs mit kombinierten Misch- / Förderanlagen. Befüllen der Anlagen manuell oder aus Materialsilos
- Ausbreiten des Estrichmörtels. Erfolgt im Normalfall manuell
- Verdichten: Manuell oder mit Oberflächenrüttlern oder Rüttelbohlen
- Abziehen: Manuell mittels Richtscheit oder mittels Rüttelbohlen
- Glätten: Manuell mit Hilfe von Reibbrettern oder mit Glättmaschinen
- Wegen der Arbeitsbelastung und der Arbeitsumgebung hohe Rate an Berufskrankheiten. Von der gesamten Arbeitsbelastung liegen Estrichleger an der Spitze der Bauberufe. Die Bereitschaft zum Berufswechsel ist groß. Die meisten Estrichleger haben diesen Beruf nicht erlernt

---

**❸ Hauptfunktionen / wesentliche Leistungsdaten**

- Mobiler Roboter zum Ausbringen, Verdichten, Abziehen und Glätten des Estriches
- Einfachsystem, welches nur die Funktionen Abziehen und Glätten enthält
- Nivelliereinrichtung zum Glätten erforderlich
- Estrichzufuhr: Vorratsbehälter oder Schlauch
- Navigation im Arbeitsraum
- Einfache Kommunikation mit Anwender
- Überwindung von Hindernissen (z. B. Rohre für Fußbodenheizung)
- Geringer Bodendruck (Isolierschichten nicht beschädigen)

---

**❹ Beschreibung der Einsatzumgebung**

- Einsatz auf der Baustelle (Rohbau), Feuchtigkeit, Staub
- Andere Bauarbeiter können sich im Arbeitsbereich aufhalten

**❺ Technisiertes Szenario / Ablaufbeschreibung**

- Roboter wird zum Estrichverlegen in den Raum gebracht
- CAD-Zeichnungsdaten des Raumes und die gewünschte Dicke des Estrichs verteilt über die Bodenfläche werden mitgeteilt
- Roboter bewegt sich in eine Ecke des Raumes und beginnt Estrich auszubringen und gleichzeitig abzuziehen
- Anheben des Fahrwerks und Ausfahren der rotierenden Glättschaufeln

**❻ Skizze der Lösung**

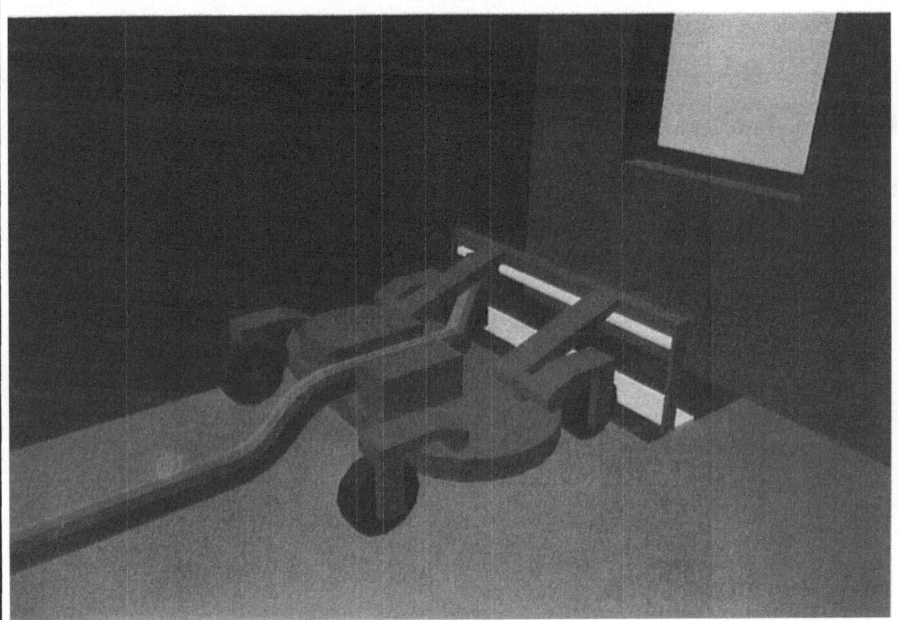

**❼ Kritische Teilfunktionen / Schlüsselkomponenten**

- Verteil- und Nivelliereinrichtung
- Versorgung mit Material
- Fahrwerk
- Navigation

---

**❽ Nutzwert / Bedarfssituation / Marktpotential** (Bundesrepublik Deutschland)

- Estrichleger wird von gesundheitsschädlicher Arbeit entlastet

- Facharbeitermangel im Bereich Estrichleger kann vermindert werden

- Bessere und gleichbleibende Qualität des verlegten Estrich

- Bedarf orientiert sich stark an der Zahl der Betriebe; 1992 gab es in den alten Bundesländern 834 Betriebe im Bereich Estrich und Belag

- geschätztes Marktpotential:
  400 Stück
  Stückpreis: etwa 70 000.- DM

---

**❾ Innovation / Aspekte der Markteinführung**

- Die meisten estrichverlegenden Betriebe sind kleine Handwerksbetriebe. Nur bei niedrigen Systempreisen sind die Betriebe überhaupt in der Lage, in einen Verlegeroboter zu investieren

- Das Gerät muß eine hohe Verfügbarkeit besitzen, da der Estrichleger für verlegte Quadratmeter bezahlt wird

- Estrichlegeroboter muß einfach zu bedienen und einzurichten sein

## ⑩ Entwicklungsaufwand

| Teilsystem | Beschreibung | For-schung | Ent-wick-lung | Pro-dukt |
|---|---|---|---|---|
| **Kinematik** | | | | |
| **Endeffektor** | Verlegeeinrichtung mit Nivellierung | | | |
| | Einrichtung zum Glätten des Estrich | | • | |
| **Antriebs-technik** | elektrische Antriebe | | | • |
| | Direktantriebe für die Achsen | | | • |
| **Energie-versorgung** | Kontinuierliche Energiezufuhr | | | • |
| | Energieergänzung mittels Kabel | | | • |
| **Bewegungs-plattform** | freie Bewegung im Raum:   Überwindung kleiner Hinderisse | | • | |
| **Sensorik** | Sensorführung zur Navigation | | • | |
| | Erkennen und Erfassen bewegter und statischer Hindernisse Arbeitsfortschritt | | • | |
| | Erkennen des Prozeßzustandes und des Arbeitsfortschritts | • | | |
| | Kollisionschutz | | | • |
| **Steuerung** | modellgestüze Bewegungssteuerung | | • | |
| | Steuerung des Bewegungsablaufs aufgrund von Arbeitsqualität und -fortschritt | • | | |
| | Manuelle Übersteuerung autom. Bewegungsabläufe | | • | |
| **MMI** | Tastenfeld/ Joystick zur Befehlseingabe | | | • |
| | Display zur Ausgabe von Meldungen | | | • |

# Müllsortierung



**❶ Kurzbeschreibung / Idee**

- Müll- und Wertstoffsortierung mit Hilfe von Robotern, um den Menschen von belastenden und gesundheitsschädlichen Tätigkeiten zu befreien

**❷ Derzeitige Tätigkeitsausführung**

- Müll wird manuell in Stoffgruppen (Plastik, Papier, usw.) getrennt. Dabei stehen mehrere Werker an einem Fließband und selektieren eine bestimmte Stoffart aus dem Stoffgemisch (Positivauslese)
- Auch Wertstoffe wie beispielsweise Biomüll müssen manuell von Schadstoffen gereinigt werden. Dabei werden von dem Personal alle Verunreinigungen heraussortiert, die den späteren Kompost belasten können (Negativauslese)
- Beide Vorgänge (Positiv- und Negativauslese) erfordern vom Werker das Erkennen des Schadstoffs, den Zugriff und das Ablegen in einen Behälter

**❸ Hauptfunktionen / wesentliche Leistungsdaten**

- Bandgeschwindigkeiten bis zu 0,3 m/s
- Erkennung unterschiedlicher Stoffe
- Greifen unterschiedlicher Geometrien und Stoffarten

**❹ Beschreibung der Einsatzumgebung**

- Starke Schmutzbelastungen
- Erhöhte Luftfeuchtigkeit
- Niedrige Qualifikation der Mitarbeiter
- Übereinander liegende Teile
- Schwer identifizierbare Teile bzw. Stoffarten
- Stark schwankende Verschmutzungsgrade und Verschmutzungsarten

**❺ Technisiertes Szenario / Ablaufbeschreibung**

- Der Stoffstrom, aus dem Teile auszusondern sind, wird auf einem Förderband am Bediener vorbei geführt

- Der Bediener kann nun über eine geeignete Schnittstelle die Anlage bedienen (z. B. Laserzeiger, Datenhandschuh oder Bildschirm), indem er die zu selektierenden Teile markiert und so die Koordination des Teiles auf dem Band festlegt

- Die Koordinaten der selektierten Stör- oder Wertstoffe werden an die Robotersteuerung übergeben

- Der Roboter kann mit einem entsprechenden Greifer oder Sauger das markierte Teil aufnehmen und einem Behältnis zuführen

**❻ Skizze der Lösung**

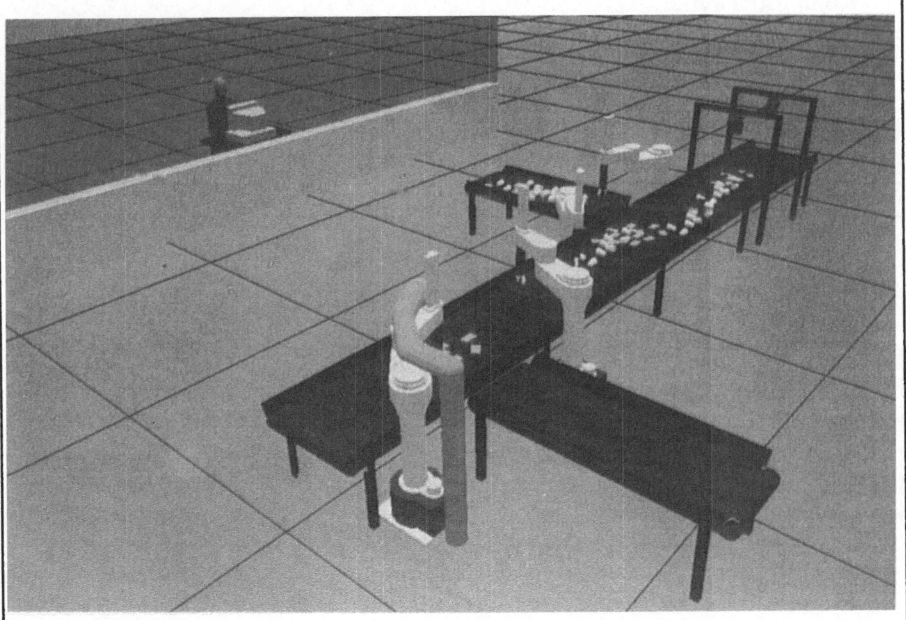

**❼ Kritische Teilfunktionen / Schlüsselkomponenten**

- Mensch-Maschine-Schnittstelle muß optimal an die sensorischen Fähigkeiten des Menschen angepaßt werden
- Greifersysteme für unterschiedlichste Materialien und Geometrien
- Low-cost-Mechanik und Steuerung (es werden keine hohen Positionieranforderungen gestellt)
- Sensorsysteme zur Benutzerunterstützung bei der Detektion von Stör- bzw. Wertstoffen

**❽ Nutzwert / Bedarfssituation / Marktpotential** (Bundesrepublik Deutschland)

- Trennung des Bedieners vom Sortierband (humaner Arbeitsplatz)
- Höhere Durchsätze
- Modulares System durch Sensorik erweiterbar
- Bei Sensorunterstützung ist eine Verbesserung der Sortierqualität zu erwarten

- Marktpotential:
  Kompostierwerke
  Recyclinghöfe
  Bauschuttsortierung
  Baustellenabfallsortierung
  Deponierückbau

**❾ Innovation / Aspekte der Markteinführung**

- Wirtschaftlichkeit läßt sich nur politisch erreichen (Preis für Müllentsorgung ist ein politischer Preis)
- Hohe Systemanforderungen bezüglich Robustheit
- Hohe Verfügbarkeit gefordert, ein Stillstand führt häufig zum Stillstand nachfolgender Anlagen
- Sensorikentwicklungen auf dem Gebiet der berührungslosen Erkennung von Stoffarten bilden eine Schlüsselkomponente

## ⑩  Entwicklungsaufwand

| Teilsystem | Beschreibung | | For-schung | Ent-wick-lung | Pro-dukt |
|---|---|---|---|---|---|
| Kinematik | Arbeitsraum | Zylindrisch | | | |
| Endeffektor | Sensorintegration: | Teileerkennung / Lageerkennung | | | |
| | Multifunktionsgreifer und -werkzeug: | Werkzeugwechselsystem | | | |
| Antriebs-technik | Energiewandlung: | Schrittmotoren | | | |
| | Zustandserfassung: | Gelenkwinkelmessung | | | |
| Energie-versorgung | Energieübertragung: | Kabel | | | |
| | Energieergänzung: | Führung | | | |
| Bewegungs-plattform | | | | | |
| Sensorik | Kollisionsschutz: | sicherheitstechnisch | | | |
| | Objekterkennung und Identifikation | nach Sortierkriterien | | | |
| | tastende und verfolgende Bewegung: | Objektverfolgung | | | |
| Steuerung | Schnittstelle zur Telekomunikation | | | | |
| | Module zur Meßdatenaufnahme, -erfassung | | | | |
| | Modul für Kollisionsschutz und Sicherheit | | | | |
| MMI | Datenübertragung | Sensorunterstützung | | | |
| | Programm | Stoffartzuordnung | | | |

# Teilautomatischer Müllwagen

Kommunalwesen,
Umweltschutz und
Landwirtschaft

**❶ Kurzbeschreibung / Idee**

- Teilautomatischer Müllwagen

**❷ Derzeitige Tätigkeitsausführung**

- Müllabfuhr wird heute von den Kommunen oder von privatwirtschaftlich organisierten Dienstleistern durchgeführt
- In größeren Städten, bei sogenanntem "full service", werden die Müllbehälter von ihrem Standort geholt und nach der Leerung wieder dorthin zurückgebracht. Das Reinigungsteam besteht aus einem Fahrzeug mit Fahrer und bis zu vier Werkern
- Im ländlichen Bereich, werden die Müllbehälter an der Straße von den Anwohnern bereitgestellt und von dort nach der Leerung wieder abgeholt. Das Reinigungsteam besteht hier aus einem Fahrzeug mit Fahrer und ein bis zwei Werkern
- Der Werker bringt einen Müllbehälter vom Straßenrand zum Fahrzeug, hängt ihn in die Kippvorrichtung ein und startet daraufhin die Entleerung. Nach der Entleerung wird der Müllbehälter vom Werker am Straßenrand abgestellt

**❸ Hauptfunktionen / wesentliche Leistungsdaten**

- Kinematik mit Endeffektor zum Handhaben der Müllbehälter
- Greifprozeß teilautomatisiert mit Arbeitsraumüberwachung
- Automatischer Entleerungsvorgang
- Universell für alle gebräuchlichen Müllbehälter verwendbar
- Einfach gehaltene Bedienerschnittstelle
- Übergreifen von Hindernissen möglich
- Hohe Geräteleistung

**❹ Beschreibung der Einsatzumgebung**

- Einsatz im Freien
- Das Handhaben von Müllbehältern setzt die Kinematik und den Endeffektor einer Vielzahl von agressiven Stoffen aus

**❺ Technisiertes Szenario / Ablaufbeschreibung**

- Der Fahrer positioniert das Fahrzeug so, daß sich der Müllbehälter im Arbeitsraum des Handhabungsgerätes befindet
- Der Automatikbetrieb wird gestartet, der Müllbehälter angepeilt und mit dem Handhabungsgerät grob angefahren
- Die Feinpositionierung erfolgt mittels Sensoren im Endeffektor
- Der Müllbehälter wird entleert und an ursprünglicher Position abgestellt
- Der komplette Arbeitsraum wird überwacht

**❻ Skizze der Lösung**

---

**❼ Kritische Teilfunktionen / Schlüsselkomponenten**

- Flexibler Endeffektor mit integriertem Sensorsystem

- Sicherheitstechnik

- Kinematik mit großem Arbeitsraum und großem möglichen Handhabungsgewicht

- Integration der Kinematik in das Basisfahrzeug

- Optimieren der Teilsysteme zu einem leistungsfähigen Gesamtsystem

---

**❽ Nutzwert / Bedarfssituation / Marktpotential** (Bundesrepublik Deutschland)

- Entlastung der Werker von schwerer und gefährlicher körperlicher Arbeit

- Rationelle und effektive Müllentsorgung

- Aufwertung der Arbeitsplätze

- Marktpotential:　　　　> 1.000 Geräte

- Ca. 35 Mio. Haushalte in der Bundesrepublik Deutschland werden entsorgt (Hausmüll, gelbe Tonne, Kompost)

- Zusatzfunktionen wie beispielsweise Gewichtserfassung leicht möglich

---

**❾ Innovation / Aspekte der Markteinführung**

- Derzeit wegen der angespannten Haushaltslage hohe Bereitschaft zum Einführen neuer Techniken zur Kostenreduktion im Kommunalbereich

- Einführen neuer Technik in den Kommunalbereich; Aufwerten der vorhandenen Arbeitsplätze

- Geringe Technikakzeptanz

- Verfügbarkeit muß hoch sein

**⑩ Entwicklungsaufwand**

| Teilsystem | Beschreibung | | For-schung | Ent-wick-lung | Pro-dukt |
|---|---|---|---|---|---|
| Kinematik | | | | | ● |
| Endeffektor | Sensorintegration: | Unterstützung der Positionierung | | ● | |
| | Multifunktionsgreifer und -werkzeug: | Greifen unterschiedlicher Tonnenformen | | ● | |
| Antriebs-technik | | | | | ● |
| Energie-versorgung | | | | | ● |
| Bewegungs-plattform | | | | | ● |
| Sensorik | Kollisionsschutz: | Erkennen von Hindernissen (optisch, Ultraschall) | | ● | |
| | Objekterkennung: | optische Objekterkennung zum Erkennen der Tonne | | ● | |
| Steuerung | | | | | ● |
| MMI | | | | | ● |

# Pflege- und Ernteroboter für den Freilandeinsatz

Kommunalwesen, Umweltschutz und Landwirtschaft

## ❶ Kurzbeschreibung / Idee

- Pflege- und Ernteroboter für den Freilandeinsatz

## ❷ Derzeitige Tätigkeitsausführung

- Pflege- und Erntearbeiten im Freiland werden heute ausschließlich manuell mit technischen Hilfen durchgeführt
- Das Setzen und Ernten der Pflanzen im Freiland erfolgt durch Werker, die liegend auf einem am Traktor befestigten Gestell arbeiten
- Bei der Salaternte werden selbstfahrende Geräte eingesetzt, mit denen der geerntete Salat gewaschen, verpackt und in Behältern auf Europaletten versandfertig aufgestapelt wird
- Die eigentliche Ernte geschieht rein manuell, wobei die Werker die Salatköpfe abschneiden und diese auf einem Förderband ablegen. Erst dann beginnt der teil-/automatisierte Prozeß. Diese Arbeiten belasten die Werker durch die gebückte Körperhaltung stark

## ❸ Hauptfunktionen / wesentliche Leistungsdaten

- Fahrbarer Geräteträger mit großer Reichweite
- Modularer Aufbau mit Erweiterungsmöglichkeiten
- Kinematik mit Endeffektor zum Plfanzen, Pflegen und Ernten
- Vollautomatisches Arbeiten notwendig
- Ver- und Entsorgung des Systems über marktübliche Transporthilfsmittel
- Universell für eine Vielzahl von Kulturen einsetzbar
- Einfach gehaltene Bedienerschnittstelle
- Sensorik zur Wuchskontrolle und Krankheitserkennung
- Hohe Geräteleistung

## ❹ Beschreibung der Einsatzumgebung

- Einsatz im Freien
- Menschen oder Tiere können sich im Arbeitsbereich befinden

**❺ Technisiertes Szenario / Ablaufbeschreibung**

- Der Geräteträger fährt entlang des Freilandes
- Das Handhabungsgerät wird über der Pflanze grob positioniert
- Die Feinpositionierung erfolgt mittels Sensoren im Endeffektor
- Die gewünschte Tätigkeit wird ausgeführt (Pflanzen, Ernten, Unkraut bekämpfen, Spritzen, Düngen)
- Der komplette aktive Arbeitsraum wird während des gesamten Vorgangs überwacht

**❻ Skizze der Lösung**

**❼ Kritische Teilfunktionen / Schlüsselkomponenten**

- Sensorik zum Erkennen des Reifegrades, zur Wachstumskontrolle und zur Greifer- bzw. Werkzeugführung
- Sicherheitstechnik
- Multifunktionsgreifer mit integrierter Sensorik

---

**⑧ Nutzwert / Bedarfssituation / Marktpotential** (Bundesrepublik Deutschland)

- Entlastung der Werker von schwerer körperlicher Arbeit in ungünstiger Arbeitsposition

- Rationelle und umweltschonende Pflanztechnik

- Aufwertung der Arbeitsplätze

- Marktpotential:  > 100 Geräte

- Zusatzfunktionen, wie beispielsweise Gewichtserfassung, leicht möglich

- Rund-um-die-Uhr-Betrieb

- Technologietransfer ins Gewächshaus

- Reduzieren von Düngereinsatz durch gezielte Pflanzendüngung

- Reduzieren von Gifteinsatz durch mechanische Unkrautvernichtung

---

**⑨ Innovation / Aspekte der Markteinführung**

- Einführen neuer Technik in den Freilandanbau

- Hoher Imagewert

- Witterungsbedingt nur maximal 8 Monate in der Bundesrepublik Deutschland im Freiland einsetzbar

- Verfügbarkeit muß hoch sein, da im Normalfall rund um die Uhr und ohne Personal gearbeitet wird

## ⑩  Entwicklungsaufwand

| Teilsystem | Beschreibung | | For-schung | Ent-wick-lung | Pro-dukt |
|---|---|---|---|---|---|
| Kinematik | | | | | |
| Endeffektor | Sensorintegration: | Unterstützung der Positionierung, taktile Sensoren | | | |
| | Multifunktionsgreifer und -werkzeug: | Multifunktionswerkzeugaufnehmer, Multifunktion | | | |
| Antriebs-technik | | | | | |
| Energie-versorgung | | | | | |
| Bewegungs-plattform | | | | | |
| Sensorik | Kollisionsschutz: | Erkennen von Hindernissen (optisch, US) | | | |
| | Objekterkennung: | komplexe optische Objekterfassung | | | |
| | Umgebungs-modellierung: | Mapbuilding mit sensorischer Umgebungserfassung | | | |
| | tastende und ver-folgende Bewegung: | Kontur verfolgen | | | |
| Steuerung | verhaltensorientierte Bewegung: | Reaktion auf unvorhergesehene Aktion (Hindernisse, Mensch) | | | |
| MMI | | | | | |

# Reinigung von Bahnsteigen

**Handel, Transport und Verkehr**

---

**❶ Kurzbeschreibung / Idee**

- Autonome Bodenreinigung von Bahnsteigen und anderen Großverkehrsflächen

---

**❷ Derzeitige Tätigkeitsausführung**

- Trockene Vorreinigung mit Besen und Aufnehmer (Großschmutz)
- Hochdruck-Gerät zum Lösen des Schmutzes
- Vorbereiten des Maschineneinsatzes (Wischen unter Bänken, Papierkörbe leeren etc.)
- Reinigung durch Kehr-Scheuer-Saug-Automat als Aufsitzreinigungsmaschine

---

**❸ Hauptfunktionen / wesentliche Leistungsdaten**

- Mobiler (teil)autonomer Reinigungsroboter in Baukastenweise
- Anbau beliebiger Reinigungssystemtechnik
- Ausweichstrategien und Kollisionsschutz durch intelligente Algorithmik und Sensordatenverarbeitung; Erkennen und Reagieren auf unterschiedlichste Hindernisse
- Benutzt vorhandene Infrastruktur (Benutzen von Aufzügen automatisches Öffnen von Türen)
- Einfach zu bedienende Mensch-Maschine-Schnittstelle
- Sprachausgabe-Funktion zur Bestätigung der Beauftragung
- Systemspezifische Reinigungsalgorithmik
- Optimale Fahrtroutenplanung zur effizienten Nutzung vorhandener Ressourcen
- Überprüfen der Reinigung auf Qualität und Vollständigkeit durch entsprechende Sensorik
- Ermitteln des Verschmutzungsgrades und entsprechende individuelle Anpassung der Reinigungsintensität
- Alternative Verwendung als Informationszentrum am Bahnhof (Fahrplan, Infozentrum) oder in Hotels (Kofferboy)

**❹ Beschreibung der Einsatzumgebung**

- Bahnhöfe, Eingangshallen, öffentliche Gebäude, Krankenhäuser, Einkaufszentren
- Lange Gänge
- Große Flächen
- Selbständiges Öffnen der Türen und Benutzen der Aufzüge
- Feste und bewegliche Hindernisse im Arbeitsbereich des Automaten
- Variable Einsatzumgebung
- Menschen oder Tiere können sich im Arbeitsbereich befinden

**❺ Technisiertes Szenario / Ablaufbeschreibung**

- Programmierung / Beauftragung
- autonome Reinigung beliebiger, gegebener Flächen
- Wand- und hindernisnahe Reinigung
- Rückmeldung bei Beauftrager; Sprachausgabe zur Kommunikation mit den Passanten
- Verwendung einer Servicestation zum Laden der Batterien sowie zur Wasserver- und -entsorgung

**❻ Skizze der Lösung**

---

**❼ Kritische Teilfunktionen / Schlüsselkomponenten**

- Wand- und hindernisnahe Reinigung
- Konzeption der Mensch-Maschine-Schnittstelle zur einfachen Benutzung
- Strategien zum sicheren Ausweichen vor Menschen und Objekten
- Absturzsicherung (Gleise, Treppen, Versatz etc.)
- Elektromagnetische Verträglichkeit
- Sensorische Erfassung des Verschmutzungsgrades
- Navigation in Umgebungen mit hoher Überstellungsdichte
- Selbstdiagnose zur vereinfachten Inspektion und Wartung
- Referenzierung durch Marken auf Großflächen

---

**❽ Nutzwert / Bedarfssituation / Marktpotential** (Bundesrepublik Deutschland)

- Kostenreduzierung durch effektiveren Personaleinsatz
- Image- und Werbeträger (Stichwort "sauberer Bahnhof")
- Effiziente Reinigung durch systemspezifische Problemlösung
- Multifunktionelle Aufgabenerledigung durch alternative Verwendung als Informationszentrum

*Rentabilitätsrechnung:*

| | |
|---|---|
| Autonomer Reinigungsautomat | 100.000.- DM |
| Abschreibungszeit | 6 Jahre |
| Markenanbringung (einmalig) | 20.000.- DM |
| Wartungskosten Automatikteil pro Jahr | 6.000.- DM |
| Wartungskosten Maschinenteil pro Jahr | 8.000.- DM |
| Kosten des Reinigungsautomaten pro Jahr | 30.000.- DM |
| Kosten der Maschine pro Stunde (9h Einsatz pro Tag) | 9.- DM |
| Anteilige Bedienerkosten | 8.- DM |
| *Gesamtkosten pro Stunde* | *17.- DM* |
| Kostensenkung | ca. 40%. |

---

**❾ Innovation / Aspekte der Markteinführung**

- Akzeptanz
- Roboter- und reinigungsgerechte Objektgestaltung
- Sabotage- und Störpotential

## ⑩  Entwicklungsaufwand

| Teilsystem | Beschreibung | For-schung | Ent-wick-lung | Pro-dukt |
|---|---|:---:|:---:|:---:|
| **Kinematik** | Leichtbau (ebene kinematische Kette, um Nischen und Winkel zu erreichen | ● |  |  |
| **Endeffektor** | Sensorintegration: Konturverfolgungssensorik, Schmutzerkennung→ Mustererkennung | ● |  |  |
| **Antriebs-technik** | Energiewandlung: Gleichstrommotoren, Linearmotoren (Panzerantrieb) |  |  | ● |
|  | Übertragung: Differentialantrieb zur höheren Flexibilität |  |  | ● |
|  | Zustandserfassung: Odometrie (Koppelnavigation+Gyrochip, Referenzmarken im Boden |  |  | ● |
| **Energie-versorgung** | Energiespeicher: Batterie, Bleiakku, (wartungsfrei!) |  |  | ● |
|  | Energieübertragung: Laden der Batterie an der Wechselstation (Servicestation) oder Batterie-Wechseleinrichtung mit Andockvorgang |  | ● |  |
| **Bewegungs-plattform** | freie Bewegung im Raum: Navigation frei in der Ebene, ohne Leitlinien, Referenzierung an Marken |  | ● |  |
|  | Treppensteigen: als zusätzl. Feature, wenn keine Lastenaufzüge vorhanden | ● |  |  |
| **Sensorik** | Kollisionsschutz: höchstmöglicher Kollisionsschutz (taktil, US, opt. Sensoren) |  | ● |  |
|  | Lageregelung: Zielpunktregelung mit Trajektoriengenerierung |  | ● |  |
|  | Objekterkennung: Laserscanner, scannender Ultraschallsensorik, allg. opt. Sensor (Vision System) |  | ● |  |
|  | Umgebungsmodellierung: Komplettierung der internen Map durch sensorische Informationen |  | ● |  |
|  | tastende und verfolgende Bewegung: Konturverfolgung von ausfahrbarer Reinigungssystemtech. zur opt. Reinigung |  | ● |  |
|  | Andocken: Batteriewechselstation, Be- u. Entladen von Reinigungsmittel | ● |  |  |
| **Steuerung** | programmgesteuerte Bewegung: Abfahren der Umgebung nach Reinigungalgorithmus |  | ● |  |
|  | funktionsorientierte, modellgestützte Bew.: Navigation in der Einsatzumgebung |  | ● |  |
|  | verhaltensorientierte Bewegung: Hindernisumfahrung, Absturzvermeidung | ● |  |  |
| **MMI** | Kommunikation: Bedieneinheit, Beauftragung, Sprachausgabe Funkbeeinflussung |  |  | ● |
|  | Interaktion: wandelne Litfassäule (alternativ) Sprachein- und ausgabe | ● |  |  |

# Kurierdienstroboter in Großgebäuden



---

**❶ Kurzbeschreibung / Idee**

- Automatischer Kurierdienstroboter in Großgebäuden

---

**❷ Derzeitige Tätigkeitsausführung**

- Botengänge werden unmittelbar und unkoordiniert vorgenommen
- Pflegepersonal wird durch willkürlich anfallende Botengänge gebunden (Personalengpässe durch Personalbindungszeit)
- Durchführung vieler Transporte durch hochqualifiziertes Personal
- Überlastung des Pflegepersonals
- Reduzierte Effizienz im Krankenversorgungs- und -pflegebereich

---

**❸ Hauptfunktionen / wesentliche Leistungsdaten**

- Mobiles, autonomes, freifahrendes Fahrzeug in Baukastenweise
- Mobilität in horizontaler und vertikaler Richtung (Gänge bzw. Aufzüge)
- Kollisionsvermeidung durch Multisensorprinzip
- Hindernisumfahrung
- Variabler Aufbau zur individuellen Nutzung
- Paßt sich der Infrastruktur an (benutzt Aufzüge, kann Automatiktüren öffnen und schließen)
- Einfache Bedienung durch den Benutzer (Mensch-Maschine-Interaktion)
- Nur geringer Installationsaufwand gemäß Programmierart (Modell, teach-in, verhaltensorientiert)

---

**❹ Beschreibung der Einsatzumgebung**

- Einsatz in Krankenhäusern, Bürogebäuden, Hotels, öffentlichen Gebäuden
- Sehr lange Korridore
- Verwinkelte Ganggeometrien
- Vorhandene Vertikalverbindungen mit Aufzügen
- Vorhandene Horizontalverbindungen mit automatisch öffnenden Türen
- Passanten im Arbeitsbereich der mobilen Plattform

**❺ Technisiertes Szenario / Ablaufbeschreibung**

- Anfordern des Transportsystems über Telekommunikationseinheit
- Roboter wartet am Beauftragungsort (akustische Meldung bei Auftraggeber)
- Beauftragung über einfach gehaltene Mensch-Maschine-Schnittstelle
- Ausführen des Transportauftrages (optimiert durch Supervisor)

**❻ Skizze der Lösung**

**❼ Kritische Teilfunktionen / Schlüsselkomponenten**

- Sicherheitsfunktionen (Absturzsicherung, Kollisionsschutz)
- Einfach gehaltene Mensch-Maschine-Schnittstelle
- Sprachein- und -ausgabe
- Hinderniserkennung und Umfahrung
- Navigation in hochfrequentierten Bereichen
- Dockvorgänge beim Be- und Entladen
- Fehlererkennung und Behebung

**⑧ Nutzwert / Bedarfssituation / Marktpotential** (Bundesrepublik Deutschland)

- Senkung der Investitionskosten

- Zeitersparnis durch Wegfall von Arbeitsgängen

- Eliminierung von Personalengpässen

- Kostenersparnis durch effektiveren Personaleinsatz

- Effizienzsteigerung durch optimierten innerbetrieblichen Materialfluß

- Erledigung von Spontantransporten

- Systemübergreifender Supervisor zum optimierten Systemeinsatz

- *Beispiel Krankenhaus*:
  Gemäß dem unten angeführten statistischen Zahlenmaterial werden mit
  zunehmender Krankenhausgröße auch die Transportwege immer länger.
  Daraus folgen immer größere Aufwendungen für den Gütertransport, d. h. die
  Personalbindungszeit für Kurierdienste steigt.
  In einer Modellrechnung werden 60% aller Transportaufgaben von Hilfs-
  kräften (Stundenlohn 12.- DM) und 40 % von Fachkräften (Stundenlohn
  25.- DM) absolviert. Veranschlagt man 35 Tage für Urlaub und Feiertage,
  8 Tage für Krankheit und insgesamt 200 Stunden für bezahlte
  Nebentätigkeiten am Arbeitsplatz, so bleiben effektiv noch 1420 Stunden
  bezahlte Arbeit im Jahr (68 %). Die Transportstunde kostet damit 25,18 DM.
  Ein Kurierdienstroboter hätte nach dieser Modellrechnung einen ROI von
  unter einem Jahr (bei Anschaffungskosten von 150.000,- DM).

**⑨ Innovation / Aspekte der Markteinführung**

- Akzeptanz

- Robotergerechte Gestaltung von Aufzuglogistik und Ganggeometrie

- Umstellung des Arbeitsablaufes

- Sabotageanfälligkeit

## ⑩ Entwicklungsaufwand

| Teilsystem | Beschreibung | | Forschung | Entwicklung | Produkt |
|---|---|---|:---:|:---:|:---:|
| **Kinematik** | Arbeitsraum: | Quader, Leichtbau | | • | |
| **Endeffektor** | Konturverfolgung, Andocksensorik, Arbeitsraumüberwachung | | • | | |
| **Antriebs-technik** | Energiewandlung: | Gleichstrommotoren, Linearmotoren  Schiffsmotoren | | | • |
| | Übertragung: | Diferentialantrieb zur flexiblen Navigation | | • | |
| | Zustandserfassung: | Odometrie (Koppelnavigation+Gyrochip)  Referenzpunkte, Referenzwände  -merkem im Boden | | • | |
| **Energie-versorgung** | Energiespeicher: | Batterie, Bleiakku  (Wartungsfrei!) | | | • |
| | Energieübertragung: | Laden der Akkus in der Wechselschicht oder  Batteriewechseleinrichtung | | • | |
| **Bewegungs-plattform** | freie Bewegung im Raum: | Navigation mittels Karte, ohne Leitlinie  (Hindernisumfahrung) | | • | |
| **Sensorik** | Kollisionsschutz: | höchst möglicher Kollisionsschutz (taktile  Sensoren zum Manövrieren) | | • | |
| | Lageregelung: | kaskadierter Regler (Zielpunktverfolgung) | | | • |
| | Objekterkennung: | optischer Lichtschrittsensor, US,  Laserscanner; taktil | | • | |
| | Umgebungsmodellierung: | Umgebungserfassung und -referenzierung | | • | |
| | tastende und ver-folgende Bewegung: | Konturverfolgung z.B. Wallfollowing | | • | |
| | Andocken: | Baterieladen, Be- u. Entladen von  Transportgütern | | • | |
| **Steuerung** | programmgesteuerte Bewegung: | Abfahren von fest def. Wegen zur  Auftragsausführung | | | • |
| | funktionsorientierte, modellgestützte Bew. | Navigation in der Einsatzumgebung | | • | |
| | verhaltensorientierte Bewegung: | Hindernisumfahrung | | • | |
| **MMI** | Kommunikation: | Bedieneinheit nach Bankomatprinzip  Beeinflußung durch Spracheingabe | | | • |
| | Interaktion: | Sprachausgabemodul | | | • |

# Innenreinigung von Flugzeugen und Zügen

Handel, Transport und Verkehr

---

**❶ Kurzbeschreibung / Idee**

- Automatische Innenreinigung von Flugzeugen und Zügen

---

**❷ Derzeitige Tätigkeitsausführung**

- Manuelle, personalintensive Reinigung

- Bei Vollreinigung lange Standzeit der Zuges

- Diverse Reinigungstätigkeiten wie Toiletten-, Gang-, Sitz-, Fensterreinigung oder das manuelle Leeren von Aschenbechern und Abfallbehältern

- Nur sequentielles Reinigen möglich

- Verschiedenste Tätigkeiten werden von einem Team durchgeführt (Qualitätsverlust)

- Kontrollinstanzen überwachen die Reinigung (zusätzlicher Personalbedarf)

- Manuelle Reinigung durch ungünstige Umgebungsformen stark behindert

---

**❸ Hauptfunktionen / wesentliche Leistungsdaten**

- Mobiles, autonomes Fahrzeug

- Modulare Bauweise zum Aufsatz reinigungsspezifischer Werkzeuge

- Miniaturisierung der Einzelfunktionen und der Handhabungsmechanismen

- Bearbeitung in reinigungsgerecht konzipierten Waggons

- Reinigungsarbeiten wie: Bodenreinigung, Reinigung unter Sitzen, Sitzreinigung, Abfallsammelstelle, Fensterputzen

- Alternativ denkbarer Einsatz als Zugbegleiter

- Werkzeugwechsel zur autonomen und individuellen Reinigung

**❹ Beschreibung der Einsatzumgebung**

- Reisewaggons mit reinigungsfreundlicher Geometrie
- Reinigungsmittelent- und Versorgung möglich
- Energieversorgung durch Stromschiene
- Passanten im Arbeitsbereich des Roboters
- Hindernisse im Bereich des Roboters
- Verwinkelte Ganggeometrien in der Waggonschleuse
- Schwer zugängliche Reinigungsabschnitte werden mit Manipulator erreicht

**❺ Technisiertes Szenario / Ablaufbeschreibung**

- Gerät hat CAD-Modell seiner Einsatzumgebung gespeichert
- Nach präventiven, manuellen Säuberungsarbeiten wird der Automat auf seinen Kurs gesetzt. Er verrichtet autonom seine ihm mitgeteilten Aufgaben und meldet sich nach der Ausführung beim Supervisor
- Roboter erhält in Bestückstellung sein Werkzeugwechselsystem
- Automat fährt auf vorgesehenem Weg durch den Waggon und verrichtet dabei die jeweiligen Reinigungsaufgaben (je nach Aufgabenstellung und Reinigungsqualität)

**❻ Skizze der Lösung**

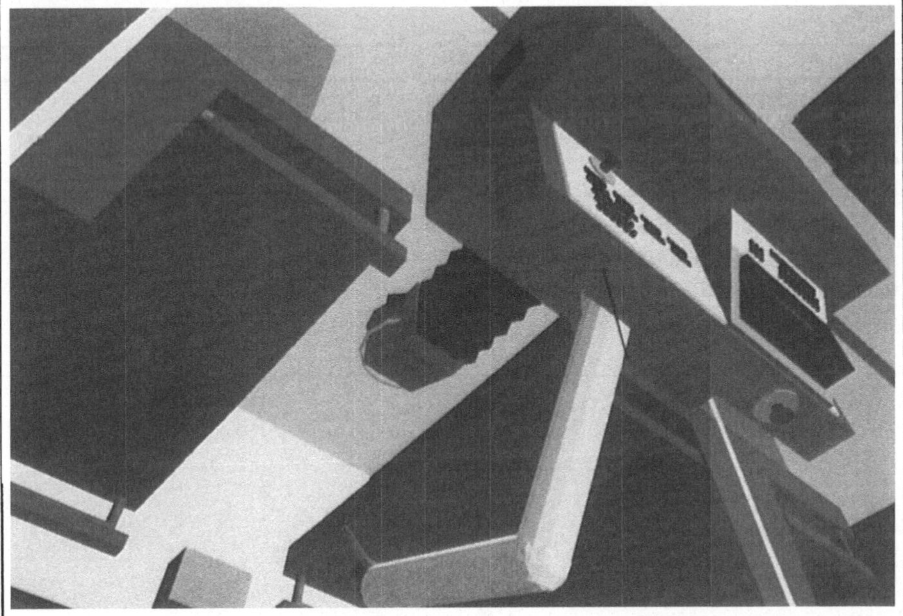

❼ **Kritische Teilfunktionen / Schlüsselkomponenten**

- Verschmutzungserkennung durch Multifunktionssensorik
- Reinigungssystemtechnik
- Kollisionsschutz während der Fensterreinigung
- Konzeption eines reinigungsfreundlichen Reisewaggons
- Sicherheitstechnik
- Mensch-Maschine-Schnittstelle

❽ **Nutzwert / Bedarfssituation / Marktpotential** (Bundesrepublik Deutschland)

- Reduzieren der Zug-Standzeiten
- Effizienzsteigerung in der Reinigung
- Reduzieren von Personalbindungszeiten
- Höhere, permanente Reinigungsqualität durch individuelle Systemtechnik
- Image- und Werbeträger für die Deutsche Bahn AG (Schlagwort "sauberer Zug")
- Intereuropäische Zusammenarbeit aller Bahnen möglich
- Schaffung eines Reinigungsstandards ähnlich der bestehenden Reinigungsverordnung
- Flexibilität, anfallende Reinigungstätigkeiten auch außerplanmäßig stattfinden zu lassen

❾ **Innovation / Aspekte der Markteinführung**

- Akzeptanz
- Robotergerechte Konzeption eines wirtschaftlich lukrativen und vom Design ansprechenden Reisewaggons
- Sabotageanfälligkeit
- Inspektion und Wartung des Systems
- Installation im Zug

## ⑩ Entwicklungsaufwand

| Teilsystem | Beschreibung | | For-schung | Ent-wick-lung | Pro-dukt |
|---|---|---|---|---|---|
| **Kinematik** | hochbewegliche (redun-dante) Kinematiken: | Handhabungsarm zur Innenflächen-reinigung (Fenster, Bänke) | | | |
| **Endeffektor** | Sensorintegration: | taktiler Sensor, gesamte Überwachung mit optischem Sensor | | | |
| | Multifunktionsgreifer und -werkzeug: | Multifunktionswerkzeugaufnehmer mit Zuführung von Reinigungsmittel | | | |
| **Antriebs-technik** | Energiewandlung: | Schrittmotoren, Linearmotoren, Gleichstrom-motoren | | | |
| | Übertragung: | Differentialantrieb zur höheren Mobilität, evtl. Kettenantrieb denkbar, Gelenkwinkelmessung | | | |
| | Zustandserfassung: | Odometrie, Referenzpunkte in der Einsatzumgebung, Mapping (Teach In), Inertialsensorik | | | |
| **Energie-versorgung** | Energiespeicher: | Batterie, Akku | | | |
| | Energieübertragung: | Laden der Batterie während eines Wechselzykluses (Schichtwechsel) | | | |
| **Bewegungs-plattform** | freie Bewegung im Raum: | freie oder leitliniengebundene Navigation im Einsatzgebiet | | | |
| | Treppensteigen: | als optionales Feature wenn erforderlich | | | |
| **Sensorik** | Kollisionsschutz: | höchst mögliche Sicherheit gegen jegliche Kollision (US, optisch, taktil) | | | |
| | Lageregelung: | verhaltensorientiert mit Zielverfolgungs-algorithmus (kaskadischer Regler) | | | |
| | Objekterkennung | komplexe optische Objekterfassung für individuelle, vollst. Objektreinigung | | | |
| | Umgebungsmodellierung: | Mapbuilding mit sensorischer Umgebungserfassung (Vision-Erfassung) | | | |
| | tastende und ver-folgende Bewegung: | Konturfolgen wenn im Einsatz möglich | | | |
| | Andocken: | an Energieversorgungsstation und zur Reinigungsmittelver- u. Entsorgung | | | |
| **Steuerung** | programmgesteuerte Bewegung: | Ausführung des Reinigungsprogramms | | | |
| | verhaltensorientierte Bewegung: | Reaktion auf unvorhergesehene Aktionen (Hindernisse, Menschen) | | | |
| **MMI** | Kommunikation: | Protokolling (Black Box), Datenübertragung zum Supervisior, Sprachausgabe und -eingabe, Datenhandschuh um z. B. Fenster zu putzen | | | |
| | Interaktion: | automatisches Bedienen von Türen (sonstiges infrastrukturbedingt) | | | |

# Sanitärreinigung

**Hotel und Gastronomie**

---

**❶ Kurzbeschreibung / Idee**

- Mobiler Reinigungsroboter zur automatischen Reinigung kompletter Toiletten einschließlich der Wände und des Bodens

---

**❷ Derzeitige Tätigkeitsausführung**

- Sanitärreinigung ist derzeit eine ausschließlich manuelle Tätigkeit
- Diese Aufgabe wird in der Regel von Dienstleistungsunternehmen durchgeführt, die vom Gebäude- oder Anlagenbetreiber beauftragt werden
- Die Reinigung erfolgt im Normalfall einmal täglich
- Der Reinigungsvorgang selbst wird, lediglich durch Reinigungsmittel und ggf. Wasserdruck unterstützt, rein mechanisch durchgeführt
- Unterstützung von der Anlagentechnik ist bisher ausschließlich durch modernes und großzügiges Design gegeben (Licht u. Belüftung, autom. Spülung, zentrale Wasserzu- und -abflüsse, Komplett-Kachelung etc.)
- Komplett selbstreinigende Toiletten sind keine Lösung für die große Zahl bereits bestehender Sanitäranlagen und werden auch in Zukunft aufgrund hoher Kosten und des Platzbedarfes Einzelstücke bleiben

---

**❸ Hauptfunktionen / wesentliche Leistungsdaten**

- Das Gerät besteht aus einer verschiebbaren Plattform auf dem ein Handhabungsarm montiert ist, ausgestattet mit einer Multifunktionshand bzw. auswechselbaren Werkzeugen zum Greifen, Naßbürsten und Saugen
- Ferner sind Behälter für Reinigungsmittel bzw. Frisch- und Schmutzwasser und Reinigungsaggregate für Wasserdruck, Bürstenbewegung und Saugleistung notwendig
- Die Reinigung erfolgt in den Schritten:
    - Naß-Vorreinigung / Befeuchtung (Sprühen)
    - Auftragen der Reinigungsflüssigkeit (Einwirken)
    - Mechanisches Schrubben mit Bürste (Schrubben)
    - Wassernachreinigung (Spülen)
    - Aufnehmen des Schmutzwassers (Saugen)
- Manuelle Ver- und Entsorgung des Gerätes durch den Bediener (Wasser, Chemie, Schmutzwasser etc.)
- Stromzufuhr per Kabel und Steckdose

**❹ Beschreibung der Einsatzumgebung**
- Einsatz in öffentlich zugänglichen Sanitäranlagen (typische Toiletten-anzahl > 4)
- Einsatz zur Komplettreinigung einzelner Kabinen
- Hohe Anforderungen an Reinigungsqualität und Entlastung des Personals

**❺ Technisiertes Szenario / Ablaufbeschreibung**
- Gerät wird vom Reinigungsdienstleister vor Ort in Betrieb genommen und führt dann selbständig die Komplettreinigung der Toilettenkabinen durch
- Dienstleister übernimmt bei schwerer Verschmutzung die grobe Vorreinigung, ansonsten ausschließlich begleitende Restarbeiten, wie Vorraumreinigung, Müllentsorgung etc. und das Bewegen des Serviceroboters von Kabine zu Kabine

**❻ Skizze der Lösung**

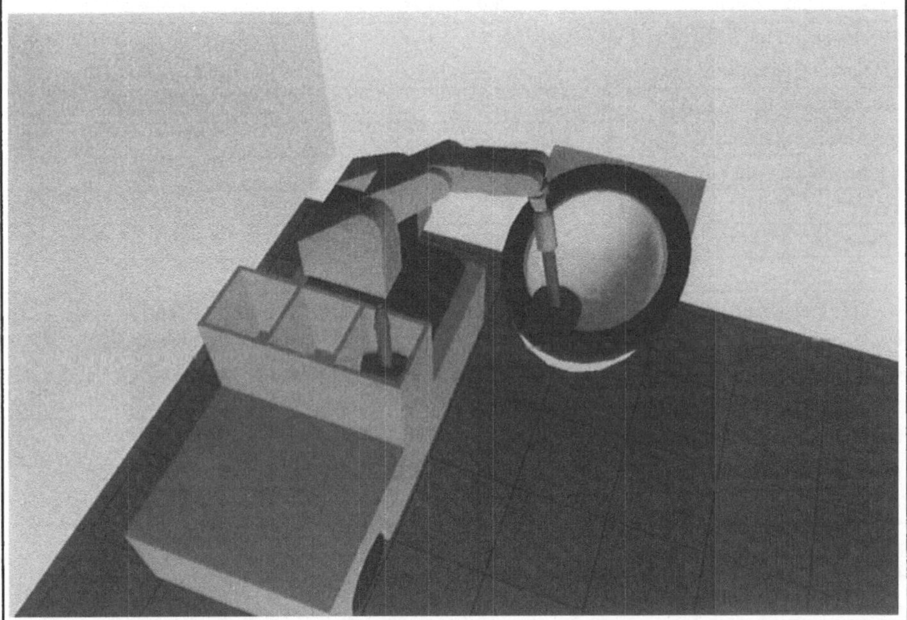

**❼ Kritische Teilfunktionen / Schlüsselkomponenten**
- Positionsinitialisierung, Vermessung der Toilette mit Hilfe taktiler Sensoren
- Reinigungstechnik, Reinigungsaggregate
- Sicherheitstechnik, Kollisionsschutz
- Qualitätssicherung in der Reinigung

---

❽ **Nutzwert / Bedarfssituation / Marktpotential** (Bundesrepublik Deutschland)
- Beim Sanitärroboter ist die Wirtschaftlichkeit im Sinne einer Kosteneinsparung gegeben, falls das Gerät eine Arbeitskraft zu mindestens 33 % ersetzt

---

| Wirtschaftlichkeitsrechnung | Manuelle Sanitärreinigung | Sanitärreinigung mit Serviceroboter |
|---|---|---|
| Dauer einer Toilettenreinigung | 5 min | 10 min |
| Güte der Reinigung | optisch sauber | hygienisch sauber |
| Benötigte Zeit für 6 Toiletten | 30 min | 60 min |
| Aufwand für Nebenarbeiten | 60 min | nicht möglich! |
| Gesamtaufwand der Reinigung | 90 min manuell | 60 min SR + 60 min manuell |
| Gesamtdauer der Reinigung (eine Arbeitskraft) | 90 min | 60 min |
| Einsparung durch SR | 0 % | 33 % |
| Personalkosten plus Personalnebenkosten | 50.000 DM / Jahr | -------- |
| Einsparung durch SR (Steigerung Arbeitsleistung) | -------- | +16.500 DM / Jahr |
| Investitionskosten des SR | -------- | 30.000 DM |
| Abschreibung SR über 4 Jahre | -------- | -7.500 DM / Jahr |
| Instandhaltung pro Jahr | -------- | -2.000 DM / Jahr |
| | | |
| Bilanz Sanitärroboter | 0 DM / Jahr | +7.000 DM / Jahr |

---

- **Marktpotential**         (bezogen auf den Inlandsmarkt Deutschland)
- Gesamtzahl öffentlich zugänglicher Toiletten:         ca. 5.000
- Für den Einsatz von Servicerobotern derzeit geeignet:         1.000
  (Bedarf, Größe, Zugänglichkeit etc.)
- Anzahl Reinigungsdienstleister für private Anlagen:         480
- Marktpotential Sanitärroboter:         ca.1200 Stück
          36 Mio DM Umsatz

---

❾ **Innovation / Aspekte der Markteinführung**
- Nutzen der Entwicklung: Qualitätsverbesserung, Arbeitsplatzhumanisierung,
  Teilautomatisierung ist sowohl aus hygienischen als auch aus humanitären
  Gründen notwendig und sinnvoll
- Wirtschaftlichkeit: nicht erste Priorität, Qualität ausschlaggebend
- Hohe Akzeptanz bei Dienstleistern und Kunden
- Technische Realisierbarkeit: Geeigneter low-cost-Kunststoffarm ist einsatz-
  spezifisch zu entwickeln
- Inbetriebnahmevoraussetzung: Größe der Sanitäranlage, Häufigkeit der
  Reinigung, Zugänglichkeit der Anlage

**⑩ Entwicklungsaufwand**

| Teilsystem | Beschreibung | | For-schung | Ent-wick-lung | Pro-dukt |
|---|---|---|---|---|---|
| Kinematik | hochbewegliche (redun-dante) Kinematiken: | Arm mit redundanten Freiheitsgraden Leichtbauweise | | | |
| Endeffektor | Sensorintegration: | taktile Sensoren: Arbeitskraftmessung | | | |
| | Multifunktionsgreifer und -werkzeug: | Multifunktion: Sprühen, Bürsten, Saugen | | | |
| Antriebs-technik | Energiewandlung: | Gleichstromantriebe für Armgelenke | | | |
| | Übertragung: | Seilzüge, Getriebe | | | |
| | Zustandserfassung: | Gelenkwinkelmessung | | | |
| Energie-versorgung | Energieübertragung: | Kabelanschluß für Steckdose | | | |
| | Energieergänzung: | Wasser/Chemieversorgung durch Bediener | | | |
| Bewegungs-plattform | freie Bewegung im Raum: | Verschiebung durch Bediener | | | |
| Sensorik | Kollisionsschutz: | durch taktile Sensoren | | | |
| | Lageregelung: | kraftgeführte Bahnregelung | | | |
| | Objekterkennung: | Erkennung von Reinigungsobjekten | | | |
| | Umgebungsmodellierung: | durch Abtasten des Raumes | | | |
| | tastende und ver-folgende Bewegung: | Konturvermessung zur Reinigung | | | |
| | Andocken: | Positionsinitialisierung zu Beginn | | | |
| Steuerung | funktionsorientierte, modellgestützte Bew.: | funktionales Reinigungsprogramm | | | |
| | verhaltensorientierte Bewegung: | Konturverfolgung zur Reinigung | | | |
| MMI | Kommunikation: | Start-/Stop-/Pauseautomatik | | | |

# Mobile Minibar



---

**❶ Kurzbeschreibung / Idee**

- Automatischer Transport von Artikeln unterschiedlichster Art (Getränke, Speisen, Handtücher, Zigaretten, Zeitungen usw.) und Übergabe bei den entsprechenden Hotelzimmern, ohne daß Festinstallationen für Transportsysteme gemacht werden müssen

---

**❷ Derzeitige Tätigkeitsausführung**

- Stationäre Minibar (nur Geträke)
- Zimmerservice (personalintensiv)

---

**❸ Hauptfunktionen / wesentliche Leistungsdaten**

- Mobiler Roboter mit Aufbau in Baukastenbauweise
- Verschiedene Aufbauvarianten, wie z. B. Getränkeaufbau, Speisenaufbau, Serviceartikelaufbau (Zigaretten, Zeitschriften, Handtücher, usw.).
- Verriegelung der Aufbauten während der Fahrt (Diebstahl, Sicherheit)
- Ein-/Ausgabedisplay zur Eingabe der Aufträge, Ausgabe von Fehlermeldungen (Selbstdiagnose, eigenständige Arbeitsüberwachung)
- Übergabeeinrichtung am Hotelzimmer
- Greifer zur Übergabe der Produkte / evtl. Greiferwechsel für unterschiedliche Produktklassen oder -typen ermöglichen
- Fahrstuhlbedienung per Funk
- Erkennen und Reagieren auf stehende und bewegte Hindernisse

---

**❹ Beschreibung der Einsatzumgebung**

- Lange Strecken
- Aufzugbenutzung möglich
- Passanten im Arbeitsbereich des Roboters

**❺ Technisiertes Szenario / Ablaufbeschreibung**

- Gast wählt gewünschte Artikel per Telefontastatur an
- Roboter wird bestückt
- Roboter fährt Zielort auf kürzestem Wege an und weicht dabei selbstständig unvorhergesehenen Hindernissen aus
- Am Zielort übergibt der Roboter die bestellten Artikel durch eine Schleuse und meldet über Telefon die Ankunft der Waren an den Gast weiter
- Auf ähnliche Weise lassen sich auch "Holdienste" (z. B. Wäsche zur Wäscherei, Briefe zur Rezeption) für den Gast verrichten

**❻ Skizze der Lösung**

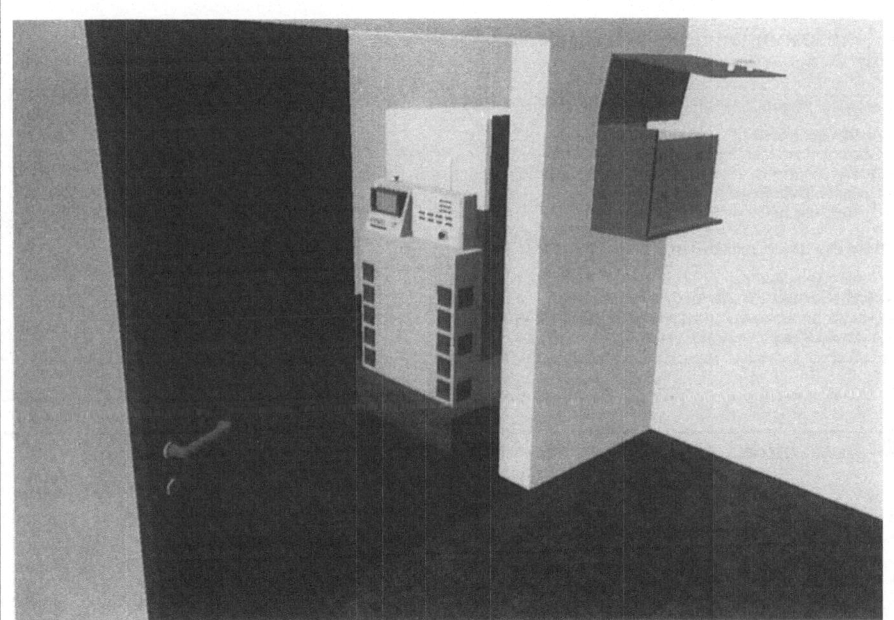

**❼ Kritische Teilfunktionen / Schlüsselkomponenten**

- Navigation in Hotelumgebung
- Sicherheitstechnik
- Mensch-Maschine-Schnittstelle

**❽ Nutzwert / Bedarfssituation / Marktpotential** (Bundesrepublik Deutschland)

- Verringerung der Investitionskosten für Minibar

- Kostenreduzierung beim Zimmerservice

- 23 % der Kunden machen ihre Entscheidung für ein Hotel vom Service abhängig

- Eliminierung von Personalengpässen

- Image- und Werbeträger für das 'High-Tech-Hotel'

- Mehr Diskretion für den Hotelgast

- Einsparungen beim Flächenbedarf durch den Wegfall der Minibar

**Daten der 25 größten Hotelketten in Deutschland 1992**

- Anzahl der Hotels in Deutschland: 429
- Gesamtanzahl der Zimmer: 72904
- Durchschnittliche Auslastung der Zimmer: 64,6 %
- Gesamtnettoumsatz: 4,54 Mrd. DM
- Gesamtmitarbeiterzahl: 38386

**Daten der Hotels im alten Bundesgebiet 1992**

- Gesamtbettenkapazität bei Häusern > 9 Betten: 1 828 996
- durchschnittliche Bettenauslastung: 43,2 %
- Umsatz der Beherbergungsunternehmen: 27,8 Mrd. DM
- Anzahl der Beherbergungsunternehmen: 43 000

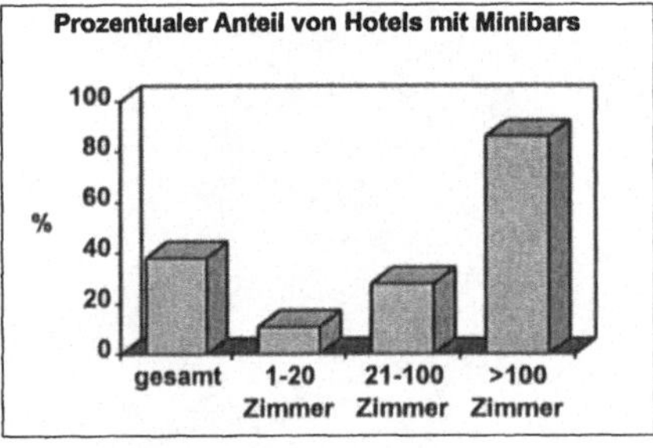


**❾ Innovation / Aspekte der Markteinführung**

- Akzeptanz

- Robotergerechtere Umgebungen

- Sabotageanfälligkeit

- Kundengerechte Systempflege

## ⑩ Entwicklungsaufwand

| Teilsystem | Beschreibung | | Forschung | Entwicklung | Produkt |
|---|---|---|---|---|---|
| **Kinematik** | Arbeitsraum | Quader | | | ● |
| **Endeffektor** | Sensorintegration: | Andocksensorik | | ● | |
| | Multifunktionsgreifer und -werkzeug: | Materialbereitstellung und -transport | | ● | |
| **Antriebstechnik** | Energiewandlung: | Gleichstrommotor | | | ● |
| | Übertragung: | Radantrieb | | | ● |
| **Energieversorgung** | Energiespeicher: | Akku | | ● | |
| | Energieübertragung: | Kabel | | | ● |
| | Energieergänzung: | Solarzellen | | ● | |
| **Bewegungsplattform** | freie Bewegung im Raum: | leitlinienlose Navigation | | ● | |
| | alternative Bewegungsarten: | Treppensteigen | ● | | |
| **Sensorik** | Kollisionsschutz: | Hindernisse (stationärer oder mobiler Natur) | | ● | |
| | Sensorführung: | Navigation, Vermessung | | ● | |
| | Objekterkennung: | Hindernisse/Zielorte | | ● | |
| | Konturverfolgung | Führung entlang von Objekten | | ● | |
| | Zustandserfassung | Balancezustände | ● | | |
| **Steuerung** | Aufgaben-, Bahn- und Wegeplanung | Fahraufträge | | ● | |
| | Umgebungserfassung | Ausweichstrategien | ● | | |
| **MMI** | Spracheingabe | Spracheingabe, Telefon | ● | | |
| | | Programmierung | | ● | |

# Inspektion und Wartung / Werksschutz



---

**❶ Kurzbeschreibung / Idee**

- Immer komplexer werdende Bauwerke, technische Anlagen und Maschinen verlangen nach entsprechender Inspektion und Wartung, um ihre Funktion und ihren Wert zu erhalten
- Auch als mobiler Wachmann kann ein Serviceroboter das automatische Überwachen von Anlagen gewährleisten. Seine Aufgaben sind hier Kontrollgänge, Personenerfassung, Zustandüberwachung, Alarmmeldung und Protokollierung

---

**❷ Derzeitige Tätigkeitsausführung**

- Das Objekt (Gebäude, Anlage oder Maschine) wird im Rahmen einer Reparatur oder Instandhaltungsmaßnahme auf Schäden untersucht. Bei auftretenden Defekten wird mittels gezielter Diagnose der Schaden determiniert und die zeitoptimale Reparatur geplant und durchgeführt
- Die präventive Wartung basiert auf langfristigen, reproduzierbaren Routineuntersuchungen und entsprechender Protokollierung / Auswertung
- Häufig kann oder soll eine Inspektion vor Ort nicht manuell durchgeführt werden, so daß ein fernbedientes bzw. selbstfahrendes Gerät eingesetzt werden muß
- Auch handelt es sich bei Überwachungs- und Inspektionsaufgaben in der Regel um wiederkehrende monotone Arbeiten, die den Menschen schnell ermüden und unaufmerksam werden lassen
- Der Einsatz von Servicerobotern ist in vielen dieser Aufgabenbereichen allein aus humanitären, technischen oder wirtschaftlichen Gründen zwingend notwendig

---

**❸ Hauptfunktionen / wesentliche Leistungsdaten**

- Das Inspektionsfahrzeug basiert auf einer mobilen Plattform, mit einem einsatzabhängigen Antriebssystem (z. B. Ketten, Räder, Schreit- oder Kletterwerk, etc.)
- Auf dem Fahrzeug sind ein Kamerasystem sowie verschiedene Meß- und Aufnahmesensoren montiert
- Ein Handhabungsarm trägt die benötigten Sensor- oder Greifersysteme
- Das System wird entweder bei überlagerten Autonomiefunktionen fernbedient oder versieht seine Aufgabe völlig eigenständig gemäß seiner Mission

**❹ Beschreibung der Einsatzumgebung**

- Inspektion von Tanks, Rohren
- Hohe Gebäude, Außenkonturen: Schornsteine u.ä.
- Prüfung von Tragwerken auf Beschädigungen und Korrosion
- Straßenbelag, Flugzeugaußenhaut etc.
- Chemie-, nuklear- und verfahrenstechnische Anlage
- Sicherung, Be- und Überwachung von Industrieanlagen
- Vermessung von Gebäuden, Tunneln, Gelände u.ä.

**❺ Technisiertes Szenario / Ablaufbeschreibung**

- *Beispiel: Prüfung von Tragwerken auf Beschädigung und Korrosion*
  Fernbedientes Inspektionsfahrzeug wird am Objekt ausgebracht
  Fahrzeug untersucht das Objekt auf Alterung, Beschädigung und Korro-
  sionseinflüsse mit Hilfe eines Sensorarmes
  Meßergebnisse werden an den Leitstand übertragen und protokolliert
  Arbeitsplan zur Schadensbehebung wird automatisch erstellt

**❻ Skizze der Lösung:**

---

**❼ Kritische Teilfunktionen / Schlüsselkomponenten**
- Automatische Meßdatenerfassung, Übertragung und Protokollierung
- Handhabungstechnik: Bewegungsarm zum Führen von Meßgeräten (Kamera, Sensor, etc.) oder für kleinerer Handhabungsaufgaben
- Autonomiefunktionen: zur Entlastung des Bedieners (z. B. Balance, Kollisionsschutz, Meßdatenaufnahme, Treppensteigen etc.)
- Fernbedienung:   - Telepräsenz mittels benutzerfreundlicher Leitstände
                    - Leistungsfähige Funkdatenübertragung (bidirektional)

---

**❽ Nutzwert / Bedarfssituation / Marktpotential** (Bundesrepublik Deutschland)
- Einsatz in für den Menschen nicht zugänglichen, gesundheits- oder lebensgefährdenden Bereichen bzw. zur Humanisierung von Arbeitsplätzen.
Zusätzlicher wirtschaftlicher Nutzen des Einsatzes von Servicerobotern:
Leistungssteigerung durch systematische Abeitsorganisation
Telepräsenz bei unzugänglichen oder für den Export bestimmten Anlagen
Prestigegewinn für das durchführende Unternehmen

- Marktpotential        (bezogen auf Bundesrepublik Deutschland)
Einsatzbedarf von Servicerobotern durch Hersteller, Betreiber oder Dienstleister besteht in den folgenden Bereichen:
  - Anlagen:         - Kraftwerksanlagen
                     - Raffinerien
                     - Chemische Anlagen
                     - Müllhalden
                     - Bergbau, Tagebau
  - Gebäude:         - Produktionsstätten
                     - Lagerhallen
                     - Gebäudesicherung
                     - Kaufhaus, Supermärkte
                     - Tunnel, Kanäle
                     - Brücken
                     - Straßen
  - Maschinen / Einzelobjekte:
                     - Generatoren u. Turbinen
                     - Schornsteine
                     - Fluzeuge (Außenhaut)
                     - Schiffsrümpfe
- Marktpotential (grob geschätzt):        800 in Stück Serviceroboter

---

**❾ Innovation / Aspekte der Markteinführung**
- Nutzen der Entwicklung: Systematische und den Menschen nicht gefährdende Inspektion unnd Wartung von Gebäuden und Anlagen
- Wirtschaftlichkeit: Steigerung von Zuverlässigkeit und Effizienz, Vorbeugung vor Folgeschäden (-kosten), Personaleinsparung
- Inbetriebnahmevoraussetzung: Gewährleistung von Sicherheit und Zuverlässigkeit, geringe Störanfälligkeit

## ⑩ Entwicklungsaufwand

| Teilsystem | Beschreibung | | Forschung | Entwicklung | Produkt |
|---|---|---|---|---|---|
| **Kinematik** | hochbewegliche (redundante) Kinematiken: | Handhabungsgerät wird benötigt in Abhängigkeit der Wartungsaufgabe | | ● | |
| **Endeffektor** | Sensorintegration: | taktile Sensoren, Greifkraft- u. Momentenmessung | | | ● |
| | Multifunktionsgreifer und -werkzeug: | Multifunktionsgreifer | | | ● |
| **Antriebstechnik** | Energiewandlung: | Schrittmotoren, Gleichstrommotoren | | | ● |
| | Übertragung: | Fahrwerk: differential angetriebene Räder oder Kettenfahrzeug | | | ● |
| | Zustandserfassung: | Gelenkwinkelmessung, extern gestützte Koppelnavigation | | | ● |
| **Energieversorgung** | Energiespeicher: | Batterie, Akku | | | ● |
| | Energieübertragung: | Aufladung der Batterie | | | ● |
| **Bewegungsplattform** | freie Bewegung im Raum: | frei navigierende Bewegungsplattform | | | ● |
| | Treppensteigen: | Beweglichkeit über mehrere Etagen, Treppensteigen | | ● | |
| **Sensorik** | Kollisionsschutz: | voller Kollisionsschutz | | | ● |
| | Lageregelung: | verhaltensorintierte Lageregelung und Zielfindung | | ● | |
| | Objekterkennung: | Erkennung und Untersuchung zu inspizierender Objekte | ● | | |
| | Umgebungsmodellierung: | Kartenbildung und Umgebungserfassung | | ● | |
| | tastende und verfolgende Bewegung: | abhängig vom Einsatz | | ● | |
| | Andocken: | Auffinden der zu untersuchenden Objekte | | ● | |
| **Steuerung** | programmgesteuerte Bewegung: | Ausführen des festgelegten Inspektions- u. Wartungsprogrammes | | ● | |
| | funktionsorientierte, modellgestützte Bew.: | modellgestützte Bewegungsführung und Navigation | | | ● |
| | verhaltensorientierte Bewegung: | situationsbedingtes Wartungsverhalten | | ● | |
| **MMI** | Kommunikation: | Zustandserfassung, Protokollierung, Zustandsübermittlung | | | ● |
| | Interaktion: | drahtlose Beauftragung, Bedienung Infrastruktur (Türen, Schranken, Fahrstühle) | | | ● |

# Brandbekämpfung

**Sicherheit, Strahlen- u.<br>Katastrophenschutz**

---

**❶ Kurzbeschreibung / Idee**
- Ein mobiler Serviceroboter zur Brandbekäpfung kann als fernbedientes oder autonomes Gerät eingesetzt werden. Als patrouillierender Feuerwehrmann und Brandmelder
  Schadensfrühbekämpfer direkt vor Ort
  "Spürhund" zum Auffinden von Menschen im Brandbereich
  Brandbekämpfer in unzugänglichen oder lebensgefährlichen Bereichen

---

**❷ Derzeitige Tätigkeitsausführung**
- Rein manuelle Brandbekämpfung
- Gebäudebrandvorbeugung: Anlagentechnik / Sprinkleranlagen

---

**❸ Hauptfunktionen / wesentliche Leistungsdaten**
- Der Serviceroboter zur Brandbekämpfung basiert auf einer mobilen Plattform mit einem einsatzabhängigen Antriebssystem als Ketten- oder Radfahrwerk
- Auf dem Fahrzeug sind Sensorsysteme zur Branderkennung, Umgebungserkennung und Navigation montiert
- Auf einem Handhabungsarm ist eine ausrichtbare Löschmittteldüse montiert (3 bis 4 bewegliche Achsen für Hub und Orientierung)
- Löschmittelzufuhr erfolgt aus einem Tankreservoir oder, falls technisch realisierbar, durch einen geschleppten Schlauch
- Das Gerät steht mit einer zentralen Brandinformationsstelle in Verbindung und kann auch von dort Brandalarmmeldungen und Beauftragung erhalten
- Auch eine Fernbedienung des Gerätes im Sinne von Telepräsenz und Telemanipulation, von einer zentralen Leitwarte aus, ist denkbar (Virtual Fire Fighting)

---

**❹ Beschreibung der Einsatzumgebung**
- Überwachungs- und Bekämpfungsaufgaben in den Bereichen:
  - ABC-Gefahren
  - Industrieanlagen
  - Produktions- und Lagerstätten
  - Gebäudebrände
- Dabei sind die folgenden Problemfelder zu erkennen, zu umgehen und ggf. geeignet zu bekämpfen:
  - Gefahrstoffe, Rauchentwicklung, Temperatur, Flammen
  - Sichtbedingungen, Orientierung, Hindernisse

**❺ Technisiertes Szenario / Ablaufbeschreibung**

- Patrouillierender Feuerwehrmann
- Gerät durchfährt als autonomer Wachmann die Industrieanlage
- Wahrnehmung von Feuer und Rauch mittels Detektionssensoren
- Meldung des Brandes über Funk an Brandzentrale

**❻ Skizze der Lösung:**

**❼ Kritische Teilfunktionen / Schlüsselkomponenten**

- Mobilität: Volle Beweglichkeit in jedem Gelände, auch über kleinere Hindernisse hinweg, Treppensteigen, schiefe Ebenen etc.
- Handhabungstechnik: Bewegungsarm zum Führen von Löschgeräten
- Autonomiefunktionen: Zur Entlastung des Bedieners (z. B. Balance halten, Kollisionsschutz, Meßdatenaufnahme, Treppensteigen etc.)
- Sicherheitstechnik:
  - Absicherung von Absturzgefahren des Fahrzeuges
  - Ausschließen von Verkeilen und Blockieren

**❽ Nutzwert / Bedarfssituation / Marktpotential** (Bundesrepublik Deutschland)

- In der Brandbekämpfung ist der Einsatz von Servicerobotern überall dort unumgänglich, wo für den Menschen gesundheits- oder lebensgefährliche Situationen bestehen. D. h. in den Bereichen der ABC-Gefahrenklassen, bei Bränden, die ein gefahrloses Suchen nach Überlebenden nicht zulassen sowie bei allen prophylaktischen Vorsorgemaßnahmen.

- Einsatzbedarf von Servicerobotern in der Brandbekämpfung besteht insbesondere bei Anlagenbetreibern in den folgenden Bereichen:
  - Kraftwerksanlagen
  - Raffinerien
  - Chemische Anlagen
  - Gefahrgutlagerstätten
  - Flughäfen
  - brandgefährdete Waldflächen

- Berufs-, Betriebsfeuerwehren, Bundeswehr und Katastrophenschutzverbände.

- Marktpotential (grob geschätzt):   200 in Stück Serviceroboter

**❾ Innovation / Aspekte der Markteinführung**

- Nutzen der Entwicklung: Brandbekämpfung und Suche nach Überlebenden in unzugänglichen Bereichen ohne weitere Menschenleben zu gefährden

- Wirtschaftlichkeit: Steigerung von Zuverlässigkeit und Effizienz, rechtzeitige Branderkennung und -bekämpfung und Vorleistung bis zum Eintreffen der Feuerwehr

- Realisierbarkeit:
  - Machbar: Mobilität, Überwachung und Branderkennung
  - Kritisch: Zufuhr von Löschmitteln, mobiler Hydrant

- Inbetriebnahmevoraussetzung: Gewährleistung von Betriebssicherheit und Kollisionsschutz sowie geeignete Strategien zur Brandbekämpfung

## ⑩ Entwicklungsaufwand

| Teilsystem | Beschreibung | | For-schung | Ent-wick-lung | Pro-dukt |
|---|---|---|---|---|---|
| **Kinematik** | flexible Achsen: | 3-4 bewegliche Achsen für Hub und Ausrichtung der Löschmitteldüse | | | |
| **Endeffektor** | Multifunktionsgreifer und -werkzeug: | Löschmitteldüse | | | |
| **Antriebstechnik** | Energiewandlung: | D/A-Wandler, Gleichstromantriebe | | | |
| | Übertragung: | differential angetriebene Räder oder Kettenantrieb | | | |
| | Zustandserfassung: | extern gestützte Koppelnavigation, Inertialsensorik | | | |
| **Energieversorgung** | Energiespeicher: | Batterie, Akku | | | |
| | Energieübertragung: | Aufladung der Batterien während Ruhezeiten | | | |
| | Energieergänzung: | ggf. kontinuierliche Löschmittelzufuhr über Schlauch | | | |
| **Bewegungsplattform** | freie Bewegung im Raum: | frei navigierendes Fahrzeug | | | |
| | Treppensteigen: | Treppensteigen, Balancehalten, Hindernisumfahrung | | | |
| **Sensorik** | Kollisionsschutz: | Hinderniserkennung, Erkennung freier Durchgänge | | | |
| | Lageregelung: | Navigation zur Zielfindung | | | |
| | Objekterkennung: | Erkennung von Menschen, Opfern | | | |
| | Umgebungsmodellierung: | Umgebungserkennung, lokale Navigation | | | |
| | tastende und verfolgende Bewegung: | Flammenerkennung und Brandherderkennung | | | |
| | Andocken: | Aufsuchen strategisch optimaler Positionen zur Brandbekämpfung | | | |
| **Steuerung** | programmgesteuerte Bewegung: | Kontrollgänge zur Überwachung, Strategien zur Brandbekämpfung | | | |
| | funktionsorientierte, modellgestützte Bew.: | Nutzung von Vorwissen über die örtlichen Gegebenheiten | | | |
| | verhaltensorientierte Bewegung: | Brandbekämpfung, Flammenverfolgung | | | |
| **MMI** | Kommunikation: | Zustands- u. Lageübermittlung, Opfer- u. Gefahrenmeldung | | | |
| | Interaktion: | externe Befehls- bzw. Missionsübergabe, direkteTeleoperation des Roboters | | | |

# Automatische Bodenreinigung im Heimbereich

**Haushalt, Hobby u. Freizeit**

---

**❶ Kurzbeschreibung / Idee**

- Automatische Bodenreinigung im Privat- und Heimbereich

---

**❷ Derzeitige Tätigkeitsausführung**

- Periodisches, manuelles Reinigen (Wischen oder Staubsaugen) im Heimbereich. Die Tätigkeit des manuellen Bodenreinigens wird allgemein als stupide Hausarbeit bewertet. Dazu kommen diverse Reinigungsutensilien, die Stauraum in der Wohnung benötigen. Bisher rein manuelle Bearbeitung mit Handhabungshilfen

---

**❸ Hauptfunktionen / wesentliche Leistungsdaten**

- Mobiles, autonomes, freifahrendes Fahrzeug
- Miniaturisierung der Einzelfunktionen im Anwendungsfall Heimbereich
- Einfach gehaltene Bedienerschnittstelle
- Geräuscharm mit ansprechendem Design (ersetzt den konventionell eingesetzten Staubsauger)
- Einfach gehaltene Energieversorgung (evtl. Dockvorgang)
- Zufriedenstellende Reinigungsergebnisse
- Optimale Fahrroutenplanung zur optimalen Nutzung der Ressourcen
- Intelligente Ausweichstrategien und sicherer Kollisionsschutz
- Ermittlung des Verschmutzungsgrades und entsprechende individuelle Anpassung des Reinigungsvorgangs

---

**❹ Beschreibung der Einsatzumgebung**

- Wohn-, Eß- und Schlafbereich im Haushalt
- Garagen- und Heimwerkerbereich
- Unstrukturierte Umgebung im Heimbereich
- Freiflächen wie Terasse, Balkon, Wege

**❺ Technisiertes Szenario / Ablaufbeschreibung**

- Aufstellen des Gerätes am Initialisierungspunkt
- Reinigungsprogramm wählen
- Autonomes, flächendeckendes Bearbeiten der Umgebung
- Fahren zur Be- und Entladestation
- Automatisches Reinigen auch nicht verbundener Flächen
- Vermeiden von Dead-lock-Situationen
- Wand- und hindernisnahe Reinigung

**❻ Skizze der Lösung**

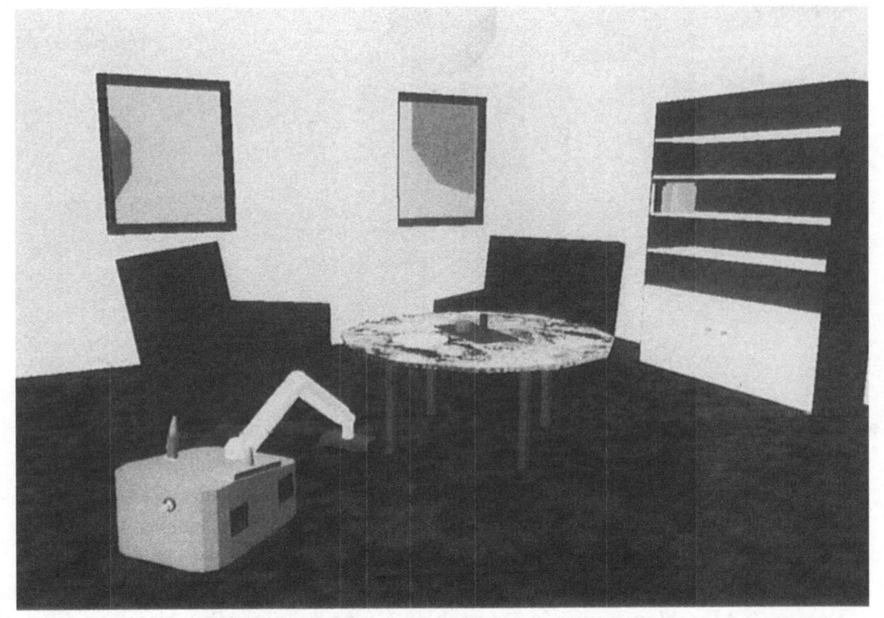

**❼ Kritische Teilfunktionen / Schlüsselkomponenten**

- Miniaturisierung und Low-cost-Aspekte
- Einfach gehaltene Mensch-Maschine-Schnittstelle
- Systemtechnik (Reinigungsaggregate)
- Energiezuführung und Leichtbauaspekte (Motoren, Antriebe, Batterien etc.)
- Hinderniserkennung und Kollisionsvermeidung
- Sensorik zur Schmutzerkennung
- Selbstdiagnose zur einfachen Inspektion und Wartung

**❽ Nutzwert / Bedarfssituation / Marktpotential** (Bundesrepublik Deutschland)

- Befreiung des Menschen von unbeliebter Haushaltstätigkeit

- Erhöhung des Lebensqualität

- Marktpotential: Privathaushalte

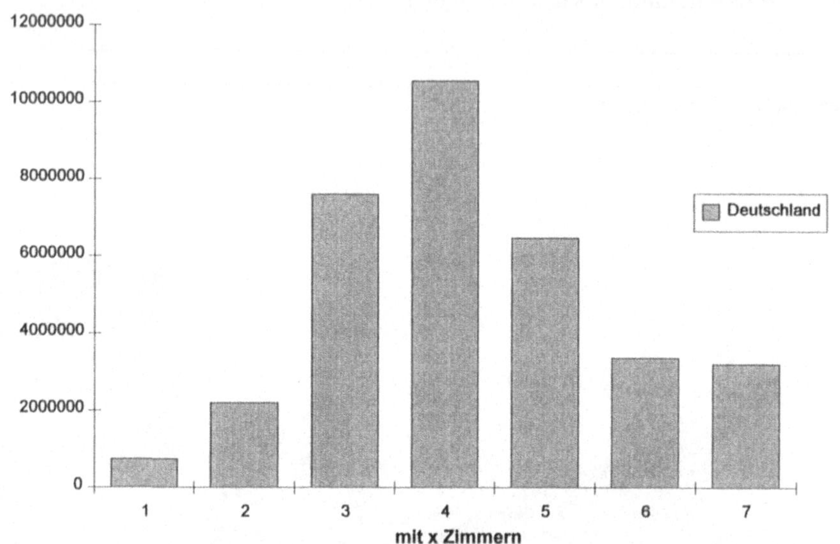


- In Deutschland existieren ca. 150 Mio. bewohnte Räume. Sie nehmen eine Fläche von 2.804.530.000 m² ein. Die mittlere Raumgröße in Deutschland beträgt ca. 20 m². Rechnet man nur die Wohnungen mit vier und mehr Zimmern, so ergibt sich eine Anzahl von ca. 23 Mio. Wohnungen. Wenn veranschlagt wird, daß nur jeder zehnte dieser großen Privathaushalte einen autonomen Bodenreinigungsautomaten einsetzt, ergibt sich ein Marktpotential von ca. 2 Mio. Haushalten in Deutschland, was bei einer Stückkostenzahl von 5000.- DM ein Potential von 10 Mrd. DM ergibt

---

**❾ Innovation / Aspekte der Markteinführung**

- Akzeptanz

- Individuelle Umgebungsgestaltung im Heimbereich mit zum Teil großer Überstellungsdichte

- Kostenfaktor bei geringer Stückzahl

## ⑩ Entwicklungsaufwand

| Teilsystem | Beschreibung | | For-schung | Ent-wick-lung | Pro-dukt |
|---|---|---|---|---|---|
| **Kinematik** | hochbewegliche (redun-dante) Freiheitsgrade: | Handhabungsarm mit Teleskoparm zur individuellen Flächenreinigung | | | |
| | flexible Achsen: | flexible Endeffektorenführung um komplexe Geometrie zu reinigen | | | |
| **Endeffektor** | Sensorintegration: | taktil, Überwachung mit optischer Zentralsensorik | | | |
| | Multifunktionsgreifer und -werkzeug: | Multifunktionsaufnehmer und -wechel-werkzeug (Zu- und Abführen von Material) | | | |
| **Antriebs-technik** | Energiewandlung: | Schrittmotor, Linearmotoren, Gleichstrom-Motoren | | | |
| | Übertragung: | Differentialantrieb (Miniaturisierung) oder Linearantrieb zur Navigation | | | |
| | Zustandserfassung: | Odometrie, Referenzierung, Orientierung anhand Map, Teach in, Inertialsensorik | | | |
| **Energie-versorgung** | Energiespeicher: | Batterie, wartungsfreier, umweltfreundlicher Bleiakku | | | |
| | Energieübertragung: | Ladestation (in den Arbeitsbereich integriert), Servicestation | | | |
| **Bewegungs-plattform** | freie Bewegung im Raum: | freie Navigation im Einsatzgebiet nach Reinigungsalgorithmus | | | |
| **Sensorik** | Kollisionsschutz: | hohe Kollisionssicherheit, Verwendung taktiler Sensorinformationen | | | |
| | Lageregelung: | Zielverfolgungsregler (Trajektorien-generierung) | | | |
| | Objekterkennung: | Referenzierung und Hindernisumfahrung mittels US oder opt. Sensor | | | |
| | Umgebungsmodellierung: | vor allem zur Referenzierung | | | |
| | Andocken: | an Batteriewechselstation oder Be-/Ent-ladestation | | | |
| **Steuerung** | programmgesteuerte Bewegung: | Ausführung der Transportbeauftragung | | | |
| | funktionsorientierte, modellgestützte Bew.: | Referenzierung und Orientierung im Raum | | | |
| | verhaltensorientierte Bewegung: | Hindernisumfahrung, Protokollierung, Supervisorinformation | | | |
| **MMI** | Kommunikation: | Bedienfeld, Spracheingabe zur bedienerfreundlichen Steuerung | | | |
| | Interaktion: | Sprachausgabe | | | |

# Kleinbootreinigung

Haushalt, Hobby u.<br>Freizeit

---

**❶ Kurzbeschreibung / Idee**

- Automatische Kleinbootreinigung

---

**❷ Derzeitige Tätigkeitsausführung**

- Der Rumpf eines Kleinbootes wird mindestens einmal jährlich von Algen-
  bewuchs und sonstigem Schmutz gereinigt

- Die Boote werden dazu mit Kränen aus dem Wasser genommen und manuell
  mit Bürsten und Dampfstrahlern gereinigt

- Der Reinigungsaufwand ist sehr hoch, so daß die Boote üblicherweise nach
  der Reinigung mit einer giftigen Flüssigkeit bestrichen werden, die den
  Bootsrumpf vor erneutem Verschmutzen schützen soll

- Gerade in Küstengewässern oder Binnenseen verursacht diese chemische
  Behandlung des Bootsrumpfes erhebliche Verschmutzungen des Wassers

---

**❸ Hauptfunktionen / wesentliche Leistungsdaten**

- Unterwasserhandhabungsgerät mit großem Arbeitsraum

- Modularer Aufbau für unterschiedliche Bootsklassen

- Aktive Schmutzabsaugung im Endeffektor

- Vollautomatisches Arbeiten notwendig

- Manuelles Übersteuern muß möglich sein

- Universell für eine Vielzahl von Bootstypen einsetzbar

- Einfach gehaltene Bedienerschnittstelle

- Einfache Sensorik-Konturenerfassung

- Gute Reinigungsergebnisse

- Hohe Geräteleistung

**❹ Beschreibung der Einsatzumgebung**

- Einsatz unter Wasser

- Salz- oder Süßwassereinsatz

**❺ Technisiertes Szenario / Ablaufbeschreibung**

- Das Boot fährt in das Reinigungsbecken ein und wird am Becken befestigt

- Der Bediener gibt den Bootstyp ein

- Das Handhabungsgerät wird nach vorgegebenen Daten grob positioniert, die Feinpositionierung erfolgt mittels Sensoren im Werkzeug

- Der Automatikprozeß wird gestartet und der Rumpf in Bahnen gereinigt

- Der Bediener führt nach Ende des Automatikbetriebs die Qualitätskontrolle durch und gibt das Boot frei

- Der Reinigungsprozeß wird videoüberwacht

**❻ Skizze der Lösung**

---

**❼ Kritische Teilfunktionen / Schlüsselkomponenten**

- Kinematik zur Unterwasserreinigung
- Verfahrenstechnik Bootsreinigung
- Endeffektor mit integrierter Sensorik zur Bahngenerierung
- Sensorik zum Kollisionsschutz
- Sensorik zur Ergebniskontrolle
- Steuerung mit funktionsorientierter Bewegungsgenerierung

---

**❽ Nutzwert / Bedarfssituation / Marktpotential** (Bundesrepublik Deutschland)

- Entlastung der Werker von schwerer körperlicher Arbeit in ungünstiger Arbeitsposition
- Rationelle und umweltschonende Reinigungstechnik
- Aufwertung der Arbeitsplätze
- Marktpotential:          > 500 Geräte
- Zusatzfunktionen wie beispielsweise Rumpfkontrolle leicht möglich
- Wochenendbetrieb durch Reduzieren des Personalbedarfs möglich
- Reduzieren von Gifteinsatz durch mechanische Reinigung

---

**❾ Innovation / Aspekte der Markteinführung**

- Einführen neuer Technik
- Verfügbarkeit muß hoch sein
- Hoher Imagewert durch Verzicht auf umweltbedenkliche Reinigungsmittel und Konservierungsstoffe
- Durch Mechanisierung bessere Reinigungsqualität bei gleichen oder reduzierten Kosten
- Mit dem Einsatz eines Unterwassersystems wird die Liegezeit für die Reinigung des Bootsrumpfes deutlich reduziert

**⑩ Entwicklungsaufwand**

| Teilsystem | Beschreibung | | Forschung | Entwicklung | Produkt |
|---|---|---|---|---|---|
| Kinematik | hochbewegliche (redundante) Kinematiken: | Handhabungssystem für Unterwassereinsatz | | ● | |
| Endeffektor | Sensorintegration: | Arbeitskraftmessung | | ● | |
| Antriebstechnik | | | | | ● |
| Energieversorgung | | | | | ● |
| Bewegungsplattform | | | | | ● |
| Sensorik | Kollisionsschutz: | Erkennen von Hindernissen (optisch) | | ● | |
| | Objekterkennung: | optische Objekterfassung | | ● | |
| | tastende und verfolgende Bewegung: | Konturverfolgung | | ● | |
| Steuerung | funktionsorientierte, modellgestützte Bew.: | funktionales Reinigungsprogramm | | ● | |
| | verhaltensorientierte Bewegung: | Konturvorlage zur Reinigung, Reaktion auf unvorhergesehene Aktionen | | ● | |
| MMI | | | | | ● |

# 5  Marktpotential und Nutzwert

In diesem Kapitel wird soll der Versuch unternommen werden, das mit Servicerobotern der Zukunft erschließbare *Marktpotential* grob abzuschätzen und den
*Nutzen* möglicher (teil-) automatisierter Servicesysteme in den betrachteten
Dienstleistungsbereichen aufzuzeigen. Zusammen mit den befragten Experten und
bei Vor-Ort-Analysen wurden insgesamt 84 im vorherigen Kapitel bereits vorgestellte Serviceroboter der Zukunft erarbeitet, die nach Meinung der Experten für
die entsprechenden Dienstleistungsbereiche zukünftig von wirtschaftlicher Bedeutung sein werden.

Beim Aufzeigen von Nutzwert und Marktpotential ist es sinnvoll, eine nach
den eingeführten Dienstleistungsbereichen gegliederte Darstellung zu wählen. Für
die einzelnen Servicerobotersysteme werden der Nutzwert, das mögliche Marktpotential in Stück, der Zeitpunkt der Markteinführung und die Stückkosten abgeschätzt. Diese Zahlen basieren auf den in den Expertengesprächen angegebenen
Werten und beziehen sich auf die Bundesrepublik Deutschland.

Absatzprognosen umfassen vor allem die Entwicklung von Markpotential,
Markt- und Absatzvolumen eines Produkts. Die in diesem Zusammenhang wichtigsten Begriffe sind im folgenden erläutert:

- Das *Absatzvolumen* ist die Gesamtheit des getätigten Absatzes bzw. Umsatzes
  einer Unternehmung.
- Das *Marktvolumen* bestimmt sich aus der realisierten Absatzmenge bzw. dem
  Umsatz einer Branche oder einer Produktart.
- Das *Marktpotential* umschreibt die Aufnahmefähigkeit eines Marktes
  (Gesamtheit möglicher Absatzmengen) für ein bestimmtes Produkt.
- Der *Marktanteil* einer Unternehmung errechnet sich aus dem Verhältnis des
  Absatzvolumens zum Marktvolumen.

Die Erschließung des Potentials wird gegebenenfalls durch bereichsspezifische *Innovations- und Diffusionshemmnisse* erschwert. In diesem Fall werden die in den einzelnen Dienstleistungsbereichen erkannten, wesentlichen Hemmnisse genannt und anschließend geeignete Wege zur Umgehung dieser Hindernisse vorgeschlagen.

Einige der untersuchten Serviceroboterszenarien zeichnen sich aufgrund ihrer Einsatznotwendigkeit, ihrer technischen Machbarkeit, Wirtschaftlichkeit oder ihres Marktpotentials besonders aus. Sie sind bei der jeweiligen tabellarischen Aufzählung der Systeme grau unterlegt.

Abschließend werden die Marktpotentiale für die einzelnen Bereiche monetär abgeschätzt und das Gesamtpotential für Servicesysteme in der Bundesrepublik Deutschland bis zum Jahr 2010 ermittelt.

# 5.1  Medizin

*Ausgangssituation*:
- Das Gesundheitswesen ist heute ein hochtechnisierter Bereich. Ärzte und Pflegepersonal, die täglich modernste Technik nutzen, bringen eine hohe *Akzeptanz* und *Aufgeschlossenheit* gegenüber technischen Neuerungen auf. Während gegenüber Manipulatoren in der Medizin noch Vorbehalte der Akzeptanz bestehen, haben typische Teilsysteme der Technologien, die aus dem Bereich der Robotik stammen, längst Einzug in die Medizin gefunden.
- Die *demographische Entwicklung* in allen Industrienationen, die durch eine Verschiebung hin zu einer alternden Bevölkerung gekennzeichnet ist, belastet das Gesundheitswesen in besonderem Maße. Mehr Vorsorge muß durch weniger Beitragszahler beglichen werden (Im Jahr 2030 wird der Anteil der Ruheständler gleich dem der Arbeitenden sein).
- Die veränderten *finanziellen Rahmenbedingungen* in der gesamten medizinischen Versorgung erfordern - noch intensiver als bisher - alle Möglichkeiten der Rationalisierung und Modernisierung in der Medizin zur Senkung der Kosten zu nutzen.

## Mögliche Szenarien für Servicerobotern in der Medizin

| Szenarium | Kurzbeschreibung | Nutz wert | Po- ten- tial | Markt- einfüh- rung | Kosten- kate- gorie |
|---|---|---|---|---|---|
| Fernmanipulierte Endoskope | Fernmanipulierte Betätigung von Werkzeugen, Instrumenten im Bereich schwer zugänglicher Körperpartien bei minimalem Operationstrauma | ↑ | ↗ | 2005 | D/E |
| Aktive Kinematik | Führung von Instrumenten, Werkzeugen, Diagnoseeinrichtungen bei chirurgischen Eingriffen | ↑ | ↑ | 2000 | D |
| Medikamente- und Essen- transport | Transport von Medikamenten und Speisen zwischen verschiedenen Klinikstationen durch ein autonomes mobiles Fahrzeug | ↗ | ↑ | 1994 | A/B |
| Orthopädieroboter | Handhabungssystem zur Unterstützung des Operateurs bei chirurgischen Eingriffen | ↗ | ↗ | 1994 | C |
| Chirurgie- simulator (MIT) | Simulation des chirurgischen Eingriffes im Vorfeld der Operation | ↑ | ↘ | 2000 | C |
| Reinigung / Desinfektion | Durchführen von Reinigungs- und Desinfektionstätigkeiten durch ein teilautonomes mobiles Reinigungssystem | ↗ | ↑ | 1997 | B |
| Bettentransport | Durchführen von Bettentransporten durch ein autonomes mobiles Fahrzeug | → | ↑ | 1997 | B |
| Zahnbearbeitung | Unterstützung des Arztes bei der Präparierung von Zähnen für den Einsatz von Füllungen, Teilkronen u.ä. | ↗ | ↗ | 2005 | C |
| Diagnose/ Hauttherapie | Abstands-/Kraftgeregelte Bewegung über Körperpartien (Dermatologie, Ultraschall-Diagnose) | ↗ | ↗ | 1998 | C/D |

| Nutzwert | | Potential (Stückzahl) | | Kostenkategorie | |
|---|---|---|---|---|---|
| ↑ | Sehr hoch | ↑ | > 1 000 | A | < 50 TDM |
| ↗ | Hoch | ↗ | 400 - 1 000 | B | 50 - 100 TDM |
| → | Mäßig | → | 100 - 400 | C | 100 - 200 TDM |
| ↘ | Gering | ↘ | 10 - 100 | D | 200 - 400 TDM |
| ↓ | Unbedeutend | ↓ | < 10 | E | > 400 TDM |

*Innovations- und Diffusionshemmnisse*:
- Lange Entscheidungswege bei öffentlichen Kranken- und Pflegeeinrichtungen.
- Hohe Systemanschaffungskosten.
- Inflexibilitäten in der Krankenhausstruktur.

*Nutzen einer Automatisierung / begünstigende Faktoren*:
- Hohe Bereitschaft und Aufgeschlossenheit bei Ärzten und Pflegepersonal bezüglich der Einführung und Nutzung modernster Gerätetechnik.
- Medizinroboter können bereits bestehende technische Einrichtungen nutzen, z. B. als funktionelle Erweiterungen von Diagnoseeinrichtungen, Operationstischen und technischen Hilfen im Bereich der Chirurgie.
- Bestehendes hohes Forschungs- und Entwicklungspotential bei Medizintechnikanbietern.
- Einbeziehen von Schlüsselanwendern (renommierte medizinische Zentren) bereits im Stadium der Produktplanung ("Leit- und Pilotwirkung").
- Priorisierung von Modul- bzw. Baukastensystemen anstatt teurer Speziallösungen (z. B. konfigurierbares Trägersystem als bewegliche Plattform für anwendungsspezifische Werkzeuge und Instrumente).

## 5.2  Rehabilitation

*Ausgangssituation*:
Allein in Baden-Württemberg waren Ende 1993 ca. 675.000 Bewohner bei den Versorgungsämtern als Schwerbehinderte registriert. Damit kommen auf 1000 Landesbewohner 66 Personen mit einem Behinderungsgrad von mindestens 50 %. Fast 85 % der Behinderungen sind auf Krankheiten zurückzuführen [12]. Je nach Art der Behinderung sind Hilfen durch technische Geräte möglich.

Durch den Einsatz von Servicerobotern ist beispielsweise eine Entlastung des Pflegepersonals von Transport- und Handhabungsaufgaben möglich, wodurch kommunikative, pflegerische Aspekte der Betreuung wieder in den Vordergrund der Aufgabe gestellt werden können.

Diese Systeme erlauben dabei:

- Behinderte Menschen in die Arbeitswelt zu integrieren.
- Alten oder behinderten Menschen mehr Selbständigkeit zu geben.
- Das Pflegepersonal bei kraftaufwendigen Tätigkeiten zu unterstützen.

## Mögliche Szenarien von Servicerobotern in der Rehabilitation

| Szenarium | Kurzbeschreibung | Nutzwert | Potential | Markteinführung | Kostenkategorie |
|---|---|---|---|---|---|
| Faltbarer mobiler Rollstuhl | Ein Rollstuhl wird automatisch zum Kfz-Kofferraum bewegt und dort gefaltet verstaut | ↑ | ↗ | 1996 | A |
| Handhabungshilfe für Behinderte | Mehrachsige Kinematik mit Greifer als Handhabungshilfe für Behinderte | ↗ | ↗ | 2000 | A |
| Handhabungshilfe im Heimbereich | Mobile, auf einem Fahrzeug angeordnete mehrachsige Kinematik mit Greifer | ↗ | → | 2005 | A |
| Körperteilführung | Rehabilitationsunterstützung durch Führung der betroffenen Körperteile | → | ↓ | 1998 | B |
| Aktive Endoprothetik | Myoelektrische Signale werden über Stellmotoren in entsprechende Bewegungen der Prothese umgesetzt | ↑ | → | 2010 | B |

| Nutzwert | | Potential (Stückzahl) | | Kostenkategorie | |
|---|---|---|---|---|---|
| ↑ | Sehr hoch | ↑ | > 25 000 | A | < 50 TDM |
| ↗ | Hoch | ↗ | 10 000 - 25 000 | B | 50 - 100 TDM |
| → | Mäßig | → | 5 000 - 10 000 | C | 100 - 200 TDM |
| ↘ | Gering | ↘ | 2 500 - 5 000 | D | 200 - 400 TDM |
| ↓ | Unbedeutend | ↓ | < 2 500 | E | > 400 TDM |

*Innovations- und Diffusionshemmnisse*:
- Hohe Anschaffungskosten bzw. schwierige Finanzierungsregelungen.
- Abhängigkeit von staatlichen Förderprogrammen der meist zu Klein- und Kleinstbetrieben zählenden Herstellern bei technisch anspruchsvollen Geräteentwicklungen.

*Nutzen einer Automatisierung / begünstigende Faktoren*:
- Qualifiziertes Pflegepersonal ist schwer auf dem Arbeitsmarkt erhältlich. Durch eine sinnvolle Entlastung von Transport- und Handhabungsaufgaben rückt die eigentliche pflegerische Aufgabe des Personals in den Vordergrund.
- Aufgrund der weltweiten Nachfrage wird eine schrittweise Weiterentwicklung der Gesamt- und Teilsysteme von Servicerobotern im Bereich der Prothetik und der Behindertenhilfen erfolgen.
- Mit der Anerkennung von Servicerobotern als Adaptionshilfe für Behinderte durch die Krankenkassen (dies ist bereits in Holland für den MANUS-Arm erreicht worden) entfallen für die Betroffenen hohe Kosten. Der dadurch zu

erwartende Anstieg der Produktionszahlen wird die Stückkosten deutlich senken.


## 5.3 Baugewerbe


*Ausgangssituation*:
Die Betrachtung des Baugewerbes umfaßt sowohl das Bauhauptgewerbe wie auch das Ausbaugewerbe. Das Baugewerbe beschäftigte 1992 etwa 1,88 Mio. Mitarbeiter in insgesamt 91 355 Betrieben. Dabei sind 80 % der Betriebe kleiner als 20 Mitarbeiter und nur 0,2 % der Betriebe haben mehr als 500 Beschäftigte. Mit über 60 % des Gesamtumsatzes stellt der Hochbau den größten Bereich dar [12].
Die momentane Situation am Bau wird wesentlich geprägt durch:

- Einen hohen Lohnkostenanteil, in den meisten Gewerken größer als 50 %.
- Bauarbeiten gelten als gefährlich und gesundheitsbelastend (Krankenstand ca. 10 bis 15 %).
- Stärker werdende Konkurrenz aus Ländern mit einem niedrigen Lohnniveau oder solchen mit fortschrittlicherer Technik.
- Einsatz billiger Subunternehmen aus den Ländern des ehemaligen Ostblocks.

**Mögliche Szenarien von Servicerobotern im Baugewerbe**

| Szenarium | Kurzbeschreibung | Nutzwert | Potential | Einführung | Kostenkategorie |
|---|---|---|---|---|---|
| Transport und Handhabung im Ausbaugewerbe | Autonomes mobiles Fahrzeug mit mehrachsiger Kinematik zur Durchführung von Transport- und Handhabungsaufgaben im Ausbaugewerbe | ↑ | ↑ | 1998 | A |
| Verputzen von Innenwänden | Roboter in Modulbauweise mit mehrachsiger Kinematik zum automatischen Verputzen von Innenwänden | ↗ | ↗ | 2000 | A |
| Roboter für Fließestrich | Multifunktionales System zum Ausbringen, Entlüften und Abschleifen von Fließestrich | ↗ | → | 2000 | B |
| Verlegen von konventionellem Estrich | Roboter zum automatischen Verlegen von konventionellem Estrich | ↑ | ↘ | 2000 | B |
| Verlegen von Wand- und Bodenfliesen | Roboter mit Sechsachskinematik und Endeffektor auf mobiler Plattform zum Verlegen von Fliesen | ↗ | → | 2000 | B |

| Szenarium | Kurzbeschreibung | Nutzwert | Potential | Einführung | Kostenkategorie |
|---|---|---|---|---|---|
| Fassadenreinigung | Mobiles Servicesystem als Träger eines Reingungswerkzeuges zur Reinigung von Gebäudefassaden | ↗ | ↑ | 2000 | C |
| Gerüstbau | Handhabungssystem zum automatischen Auf- und Abbau von Gerüsten | ↗ | ↘ | 2000 | B |
| Handhabung | Handhabungsgerät großer Reichweite zur genauen Führung unterschiedlicher Werkzeuge | ↗ | ↘ | 1998 | E |
| Sandstrahlen | Mobile mehrachsige Kinematik zum Sandstrahlen von Stahlkonstruktionen | ↑ | ↗ | 2005 | B |
| Mauern in der Vorfertigung | Roboter mit mehrachsiger Kinematik zum Mauern von Fertigelementen in der Vorfertigung | → | ↘ | 1998 | B |
| Glätten von Betonoberflächen | Autonom fahrbares Servicesystem zum Glattziehen von Betonoberflächen | ↗ | ↗ | 2002 | B |
| Bewehren | Handhabungssystem zum Flechten von Bewehrungen | ↗ | ↑ | 2005 | B |
| Waschen von Baustellenfahrzeugen | Handhabungssystem mit Hochdruck-dampfstrahler zum automatischen Reinigen von Baustellenfahrzeugen | → | ↗ | 1998 | C |
| Rohrverlegen | Anbaugerät für Bagger zur Komplett-verlegung mehrere Rohre gleichzeitig | ↗ | → | 2005 | B |
| Inspektion von Stahlteilen im Plattenbau | Mobiles System mit Kameraausrüstung für Inspektionsarbeiten | ↗ | → | 2000 | B |
| Rohrinnenbe-schichtung | Mobiles Servicesystem zur Innenbe-schichtung von Rohren unterschiedlicher Durchmesser | ↑ | → | 2002 | B |
| Tunnelbau | Mobiler Gleitschalroboter | ↗ | ↓ | 2002 | E |
| Baggern | Baggern in schlecht zugänglichen oder gefährlichen Bereichen mit Hilfe von Telemanipulation | ↗ | → | 2000 | D/E |
| Planieren | Selbstfahrende Planierraupe für große Flächen | ↗ | → | 2000 | C/D |
| Abbruch von Gebäuden | Gefahrenlose Durchführung von Ab-brucharbeiten durch telemanipulierte Systeme | ↑ | ↗ | 2002 | C |
| Schalungsbau | Handhabungssystem zum Setzen und Verbinden von Schalungselementen | ↗ | ↗ | 2005 | B |

| Nutzwert | | Potential (Stückzahl) | | Kostenkategorie | |
|---|---|---|---|---|---|
| ↑ | Sehr hoch | ↑ | > 5 000 | A | < 50 TDM |
| ↗ | Hoch | ↗ | 1 000 - 5 000 | B | 50 - 100 TDM |
| → | Mäßig | → | 500 - 1 000 | C | 100 - 200 TDM |
| ↘ | Gering | ↘ | 100 - 500 | D | 200 - 400 TDM |
| ↓ | Unbedeutend | ↓ | < 100 | E | > 400 TDM |

*Innovations- und Diffusionshemmnisse*:
- Investitionsgrenzen in komplexe Systeme für die in der Branche überwiegenden kleine und mittelständischen Unternehmen sind oft unter 100.000.- DM.
- Hohes erzielbares Rationalisierungspotential durch überwiegend organisatorische Maßnahmen, wie z.B. neue Methoden der Ablauf- und Arbeitsorga-
nisation, Vorfertigung anstatt Baustellenfertigung etc..
- Zur Zeit sind zahlreiche billige Arbeitskräfte osteuropäischer Subunternehmen
am Markt verfügbar. Daher fehlt der Zwang zur Produktivitätssteigerung
durch technische Systeme.
- Traditionell geringe Bereitschaft zur Innovation im Bereich technischer Geräte
bei Bauunternehmen. Innovationen werden fast ausschließlich von den
Baumaschinenherstellern angestoßen.

*Nutzen einer Automatisierung / begünstigende Faktoren*:
- Mit kostengünstigen Systemlösungen lassen sich wesentliche Voraussetzungen
für eine größere Verbreitung von Servicesystemen im Baubereich schaffen.
Der low-cost-Aspekt muß bei der Entwicklung von Servicesystemen für den
Bau im Vordergrund stehen.
- Neue organisatorische Formen im Baugewerbe bilden eine wichtige Grundlage
für den nachfolgenden Einsatz von Baurobotern. Sie sollten deshalb verstärkt
vorangetrieben werden.
- Die Verfügbarkeit billiger Arbeitskräfte bildet in sich das größte Diffusions-
hemmnis, welches in der Hauptsache durch politische Randbedingungen beeinflußt wird. Entsprechend können auch nur Änderungen dieser Rand-
bedingung zu einer Reduzierung der Zahl solcher Arbeitskräfte oder zur
Verteuerung der Arbeitskraft als solches führen.
- Eine signifikante Verbesserung des Innovationsverhaltens von Bauunternehmen und Baumaschinenherstellern läßt sich kurzfristig nur über eine ver-
stärkte Innovationsförderung durch öffentliche Geldgeber erreichen.

## 5.4 Kommunalwesen, Umweltschutz und Landwirtschaft

*Ausgangssituation*:
Die geringe Rate an Servicerobotersystemen in diesem Bereich ist durch mehrere
Faktoren bestimmt:

- Im *Kommunalwesen* waren die meist öffentlichen Dienstleister in der Vergangenheit kaum zur Technisierung und Rationalisierung gezwungen. Viele
  kommunale Dienstleistungen wurden erst in den vergangenen zwei Jahrzehnten geschaffen. Die überwiegend kleinen und mittelständischen Unternehmen, die im Auftrag Dienstleistungen erbringen, verfügen oft nicht über
  das zu einer Serviceroboterentwicklung notwendige Kapital.
- Der *Umweltschutz* gewann erst in den letzten Jahren den heutigen Stellenwert
  und ist weltweit eine stark wachsende Branche. Eine Vielzahl von Fragestellungen betrifft hier jedoch in erster Linie verfahrenstechnische Entwicklungen.
- Die *Landwirtschaft* ermöglicht witterungsbedingt nur in der Viehzucht und
  -haltung in der Bundesrepublik einen Ganzjahresbetrieb für Serviceroboter.
  Für weite Bereiche ist daher der Einsatz von Servicerobotern nicht wirtschaftlich. Durch die staatliche Regulierung des Marktes ist z. B. eine Steigerung des Ertrags nicht immer erwünscht. Die Landwirtschaft ist klassisch sehr
  hoch mechanisiert. Aufgrund der stark unstrukturierten Umgebung haben sich
  bis heute jedoch nur teilautomatisierte Systeme wie z. B. Setzmaschinen
  durchgesetzt.

**Mögliche Szenarien von Servicerobotern in Kommunalwesen, Umweltschutz
und Landwirtschaft**

| Szenarium | Kurzbeschreibung | Nutzwert | Potential | Markteinführung | Kostenkategorie |
|---|---|---|---|---|---|
| Müllsortierung | Müll- und Wertstoffsortierung durch Roboter, um den Menschen von gesundheitsschädlichen Arbeiten zu befreien | ↑ | ↗ | 1997 | E |
| Automatischer Müllwagen | Automatisches Handhaben und Entleeren von Müllbehältern mittels eines am Müllwagen angebrachten Handhabungssystems | ↗ | ↑ | 1997 | E |
| Pflege- und Ernteroboter | Handhabungssystem zum Pflegen und Ernten im Freilandeinsatz | → | → | 2000 | C |
| Reinigen von Straßeneinläufen | Reinigungsfahrzeug mit Handhabungsgerät zum automatischen Reinigen von Straßeneinläufen | ↗ | ↗ | 1997 | E |

| Szenarium | Kurzbeschreibung | Nutzwert | Potential | Markteinführung | Kostenkategorie |
|---|---|---|---|---|---|
| Kanalinspektion und -sanierung | Automatisches Instandhalten und Sanieren von Kanälen mittels eines Handhabungssystems | ↗ | → | 1998 | E |
| Schutzplanken montieren | Automatisches Montieren und Warten von Schutzplanken an Straßen durch Einsatz eines Handhabungsgerätes | ↑ | ↓ | 2000 | D |
| Bäume/Hecken pflegen | Automatisches Schneiden, Gießen und Pflegen von Bäumen, Hecken, Sträuchern durch ein Handhabungsgerät | ↑ | ↑ | 1998 | D |
| Rasenmähen | Mähen und Pflegen des Rasens mit Hilfe eines autonomen mobilen Fahrzeugs | → | ↑ | 2000 | A |
| Straßenreinigung | Autonomes mobiles Reinigungsfahrzeug zum Reinigen von Straßen | ↗ | ↗ | 2010 | E |
| Fahrbahntrennung setzen | Automatisches Setzen von Fahrbahntrennungen mittels eines Handhabungssystems | ↑ | ↓ | 2000 | D |
| Straßenbaustellensicherung | Autonomes mobiles Fahrzeug zum Absichern von Straßenbaustellen | ↗ | → | 2000 | D |
| Bücher in Bibliotheken in Regale einordnen | Automatisches Einordnen von Büchern in Bibliotheken mittels eines autonomen mobilen Handhabungssystems | ↗ | ↗ | 1996 | C |
| Wartung von Stahlhochbauten | Autonome mobile Plattform zum Warten von Stahlhochbauten | ↑ | ↘ | 2000 | D |
| Entleeren von Müllkörben | Autonomes mobiles Fahrzeug mit Handhabungsgerät zum Entleeren von Müllkörben | ↗ | ↗ | 1998 | C |
| Straßenrisse erkennen | Autonomes mobiles Fahrzeug mit Handhabungsgerät zum Erkennen und Auskitten von Straßenrissen | ↗ | ↘ | 2010 | E |
| Demontage umweltgefährdender Güter | Handhabungssystem zum Demontieren umwelt- und menschengefährdender Güter | ↑ | ↓ | 2010 | E |
| Abdichtung von Leckagen | Autonome mobile Plattform/Fahrzeug zum Abdichten von Leckagen bei Gas-, Öl- und Wasserleitungen, -tanks | → | ↓ | 2010 | E |
| Überwachung (Gas, ABC) | Autonomes mobiles Fahrzeug zum Überwachen und Melden von Gas bzw. ABC-Stoffen | ↗ | ↗ | 2000 | A |

| Szenarium | Kurzbeschreibung | Nutz-wert | Po-ten-tial | Markt-einfüh-rung | Kosten-kate-gorie |
|---|---|---|---|---|---|
| Dekontaminieren | Autonome mobile Plattform zum Dekontaminieren von Gebäuden, Personen etc. | ↑ | ↓ | 2005 | E |
| Schornstein-reinigung | Automatisches Reinigen und Inspizieren von Schornsteinen durch ein Handhabungsgerät | ↗ | ↗ | 2005 | A |
| Bodenproben entnehmen | Automatisches Entnehmen von Boden-proben mittels eines Handhabungs-gerätes | ↗ | ↘ | 1998 | D |
| Bodensanierung | Autonomes mobiles Fahrzeug mit Hand-habungsgerät zum Sanieren belasteter Böden | → | ↓ | 2005 | E |

| Nutzwert | | Potential (Stückzahl) | | Kostenkategorie | |
|---|---|---|---|---|---|
| ↑ | Sehr hoch | ↑ | > 1 000 | A | < 50 TDM |
| ↗ | Hoch | ↗ | 500 - 1 000 | B | 50 - 100 TDM |
| → | Mäßig | → | 150 - 500 | C | 100 - 200 TDM |
| ↘ | Gering | ↘ | 50 - 150 | D | 200 - 400 TDM |
| ↓ | Unbedeutend | ↓ | < 50 | E | > 400 TDM |

*Innovations- und Diffusionshemmnisse*:
- Im Kommunalwesen behindern, bedingt durch die vorwiegend öffentlichen Diensteistungserbringer mit zum Teil übergreifenden Aufgabenstellungen, lange Entscheidungswege und unklare Zuständigkeiten neue Lösungen.
- Im Umweltschutz stehen oftmals verfahrenstechnische Problemstellungen zur Lösung an; der Einsatz von Servicerobotern wird hier jedoch mit hoher Wahrscheinlichkeit nach Lösung dieser Fragestellungen stattfinden.
- In der Landwirtschaft ist mit das höchste Maß an Unstrukturiertheit der Um-gebung vorhanden, zusätzlich kommen Aspekte wie Ganzjahreseinsatz und Überproduktion hinzu.
- Eine Vielfalt an unterschiedlichen Aufgaben, die aber investitionsbedingt durch eine überschaubare Anzahl an Geräten oder Geräteträgern bewerkstelligt werden muß (Modul-, Baukastenprinzipien).
- Schwierige Investitionsmöglichkeiten bedingt durch politische Entschei-dungen.
- Schwieriger Nachweis der Produktivitäts- und Qualitätssteigerungen bzw. des Kundennutzens.

*Nutzen einer Automatisierung / begünstigende Faktoren*:
- Realisieren von Geräten mit einer großen Breitenwirkung bzw. mit einem hohen Ratiopotential.
- Eliminieren gefährlicher und körperlich schwerer Arbeiten.
- Schrittweises Privatisieren von Dienstleistungen, die derzeit von öffentlichen Dienstleistern erbracht werden.
- Erhöhte Nachfragesituation von Dienstleistungen im öffentlichen Bereich.
- Verbinden von neuen Servicerobotern in der Landwirtschaft mit ökologischen Aspekten, wie z. B. mechanische Unkrautbekämpfung für Babynahrung.
- Der Bereich Kommunalwesen, Umweltschutz und Landwirtschaft bietet für Serviceroboter ein geeignetes Umfeld, um ein positives Image bei einer breiten Öffentlichkeit aufzubauen.


## 5.5   Handel, Transport und Verkehr


*Ausgangssituation*:
Der Bereich Handel, Transport und Verkehr überspannt ein weit gestreutes Anwendungsfeld. Dieses Feld reicht vom Gebäudebereich (Hochhäuser, Bürogebäude, Warenverteilzentren, Supermärkte, Kaufhäuser, Einkaufspassagen) über öffentliche oder private Einrichtungen und Anlagen (Krankenhäuser, Schulen, Sportstätten, Bahnhöfe, Flughäfen, Straßen, Schienennetze, Tankstellen, etc.) bis hin zu Einzelobjekten (Flugzeuge, PKWs, Bahnen oder Busse) oder gar dem Menschen selbst - als Kunde der Dienstleistung.
Demgemäß variieren die automatisierbaren Tätigkeiten in diesem Dienstleistungsbereich zwischen:

- Bereitstellung, Transport und Bewachung im Gebäudebereich,
- Versorgung, Reinigung und Entsorgung bei öffentlichen Einrichtungen,
- Inspektion, Bearbeitung und Wartung bei den Einzelobjekten, sowie
- Information und Kommunikation bei der direkten Dienstleistung am Kunden.


Im öffentlichen Bereich ist davon auszugehen, daß künftig sehr viel weniger neue Großgebäude erstellt werden (siehe Krankenhäuser, Städteplanung). Vielmehr ist zu erwarten, daß Teilsysteme mehrerer Einrichtungen zentralisiert werden (z. B. Krankenhausapotheken, Stadtarchive, etc.). Bei diesen Zusammenlegungen wird durch den hohen Bedarf an Kostenreduktion bei gleichzeitiger Leistungssteigerung das Potential für den wirtschaftlichen Einsatz von Servicerobotern weiter steigen.

Aus Sicht der Anwender werden möglichst hohe Serviceleistungen erwartet. Das größte Marktpotential umfaßt der Transport im Gebäudebereich. Speziell beim Transport müssen Lieferungen zeitgerecht eintreffen, Abtransporte sind umgehend durchzuführen (auch außerplanmäßig), und Wartezeiten und Störungen sind zu vermeiden. Jedoch läßt sich die Serviceleistung nicht allein quantitativ durch Durchsatzmenge, mittlere Wartezeit und Transportdauer beschreiben, sondern es müssen zusätzlich die qualitativen Merkmale wie Funktionssicherheit, Flexibilität, Transparenz oder Bedienkomfort erfüllt sein.

**Mögliche Szenarien von Servicerobotern in Handel, Transport und Verkehr**

| Szenarium | Kurzbeschreibung | Nutzwert | Potential | Markteinführung | Kostenkategorie |
|---|---|---|---|---|---|
| Reinigung von Bahnsteigen | Autonome Bodenreinigung von Bahnsteigen und anderen Großverkehrsflächen | ↑ | → | 1996 | B |
| Kurierdienstroboter in Großgebäuden | Automatischer Kurierdienstroboter in Großgebäuden | ↗ | ↑ | 1997 | B |
| Innenreinigung von Flugzeugen und Zügen | Automatische Innenreinigung von Flugzeugen und Zügen | ↑ | ↘ | 2010 | C |
| Intelligente Kassensysteme | Intelligentes Kassensystem mit Handhabungshilfe zum Verpacken | → | ↑ | 2002 | A |
| Müllentsorgung im Krankenhaus | Automatische Entsorgung von Mülltrenn-Containern im Krankenhaus | ↑ | ↗ | 1997 | C |
| Betanken von Kfz/Nfz | Automatisches Betanken von Kfz/Nfz durch ein Handhabungsgerät | ↗ | ↑ | 2005 | A |
| Außenreinigung | Automatisches Reinigen Flugzeugen mittels Handhabungsgerät | ↗ | ↓ | 1995 | E |
| Elektronischer Wachhund | Autonome Überwachung von Objekten, Gebäuden, etc. durch mobile Plattform | ↗ | ↗ | 1998 | B |
| Kuppeln von Eisenbahnwaggons | Automatisches Kuppeln bzw. Lösen von Eisenbahnwaggons mittels Handhabungsgerät | ↗ | ↘ | 1998 | B |
| Polieren und Innenreinigen von Kfz | Automatisches Polieren und Innenreinigen in einer Kfz-Station | ↗ | ↗ | 1998 | B |
| Warten und Inspizieren von Kfz | Automatisches Warten und Inspizieren von Kfz in einer Kfz-Station | → | ↗ | 2010 | C |

| Nutzwert | | Potential (Stückzahl) | | Kostenkategorie | |
|---|---|---|---|---|---|
| ↑ | Sehr hoch | ↑ | > 15 000 | A | < 50 TDM |
| ↗ | Hoch | ↗ | 5 000 - 15 000 | B | 50 - 100 TDM |
| → | Mäßig | → | 1 500 - 5 000 | C | 100 - 200 TDM |
| ↘ | Gering | ↘ | 500 - 1 500 | D | 200 - 400 TDM |
| ↓ | Unbedeutend | ↓ | < 500 | E | > 400 TDM |

*Innovations- und Diffusionshemmnisse*:
- Bereits bei einfachen Aufgaben sind technologisch komplexe Systeme erforderlich.
- Oftmals keine Vergleichsdaten zum Nachweis der Produktivitäts- und Qualitätssteigerung vorhanden.
- Anpassung der Umgebung für den Einsatz des Serviceroboters notwendig (Infrastruktur).
- Höchste Anforderungen an Sicherheit (Kollissionsschutz).
- Hohe Anforderungen an Flexibilität und Verfügbarkeit.

*Nutzen einer Automatisierung / begünstigende Faktoren*:
- Erschließen des hohen Rationalisierungspotentials durch die Verbindung organisatorischer und konventioneller technischer Maßnahmen.
- Einfache Bedienbarkeit auch für ungelernte Hilfskräfte.
- Nur unwesentliche Veränderungen der Einsatzumgebung durch den Einsatz von intelligenten, verteilten Systemen.
- Einsatz redundanter Sicherheitstechnik (optisch, akustisch, taktil).
- Synergieeffekte aus bereits bewährter und zugelassener Technik nutzen.
- Gesamtheitliches Facility Management zur Effizienzsteigerung.
- Spin-offs aus anderen Technologien gewährleisten kostengünstige Komponenten.

## 5.6  Hotel und Gastronomie

*Ausgangssituation*:
In der Bundesrepublik gab es 1994 insgesamt 50.550 Beherbergungsbetriebe (Hotels, Gaststätten, Pensionen) mit ca. 2 Millionen Betten. Hiervon waren 11.537 Hotels, die im Durchschnitt 63 Betten den Gästen zur Verfügung stellen konnten. Der Einsatz von Servicerobotern wird aufgrund der Investitionskosten zunächst nur in Betrieben mit mindestens 100 Betten bzw. in Kantinen oder Großküchen wahrscheinlich sein.

Während im Gaststättengewerbe hauptsächlich Tätigkeiten im Küchenbereich und bei der Gerätereinigung anfallen, ergeben sich im Beherbergungsgewerbe meist Aufgaben wie Zimmerreinigung und Gastservice.

Sowohl in Beherbergungs- als auch in Gaststättenbetrieben ist der Dienst am Kunden - der Service - oberste Philosophie. Versuche, Tätigkeiten in diesem Bereich zu automatisieren werden daher, bis auf wenige Ausnahmen, in der Bundesrepublik Deutschland auf den für den Gast nicht sichtbaren Bereich (z. B. Küche, Wäscherei, Reinigung) beschränkt bleiben.

**Mögliche Szenarien von Servicerobotern in Hotel und Gastronomie**

| Szenarium | Kurzbeschreibung | Nutzwert | Potential | Markteinführung | Kostenkategorie |
|---|---|---|---|---|---|
| Sanitärreinigung | Mobiler Reinigungsroboter zur automatischen Reinigung von Toiletten | ↑ | ↗ | 2005 | C |
| Mobile Minibar | Automatischer Transport von Artikeln unterschiedlichster Art (Getränke, Speisen, Zeitschriften, etc.) | → | ↗ | 1998 | B |
| Geschirrhandhabung | Automatische Handhabung von Geschirr mittels Handhabungsgerät | ↗ | → | 2002 | B |
| Koffer-Boy | Autonomer Transport von Gepäckgegenständen mittels Bewegungsplattform | → | ↗ | 2002 | A |
| Tablettbestückung | Automatisches Positionieren von Gegenständen auf einem Tablett mittels Handhabungsgerät | → | → | 2000 | A |

| Nutzwert | | Potential (Stückzahl) | | Kostenkategorie | |
|---|---|---|---|---|---|
| ↑ | Sehr hoch | ↑ | > 5 000 | A | < 50 TDM |
| ↗ | Hoch | ↗ | 2 500 - 5 000 | B | 50 - 100 TDM |
| → | Mäßig | → | 1 000 - 2 500 | C | 100 - 200 TDM |
| ↘ | Gering | ↘ | 500 - 1 000 | D | 200 - 400 TDM |
| ↓ | Unbedeutend | ↓ | < 500 | E | > 400 TDM |

*Innovations- und Diffusionshemmnisse*:

- Fehlende technische Infrastruktur in kleinen Hotels und Gaststätten.
- Technologisch komplexe Systeme gegenüber einfachen Tätigkeiten.
- Einsatzmöglichkeiten zielen primär auf große Betriebe ab.
- Geräte müssen hohe Flexibilität aufweisen (Multifunktionalität), um eine ausreichende Auslastung zu erzielen.

*Nutzen einer Automatisierung / begünstigende Faktoren:*

- Weiter steigende Lohnkosten und zunehmende Schwierigkeiten qualifiziertes Personal zu bekommen wird zur Suche nach rationell gestalteten Abläufen und weitergehender Unterstützung des Personals durch Serviceroboter führen.
- Im Bereich der Systemgastronomie kann aufgrund der Ähnlichkeiten bei Produkten und Fertigungsabläufen sogar ein Einsatz von Robotertechnologie im Küchenbereich angedacht werden, wenn sich eine ausreichende Flexibilität der Geräte erreichen läßt.
- Durch eine frühzeitige Berücksichtigung der Servicerobotertechnik schon beim Entwurf von Hotelgebäuden und deren Infrastruktur kann das Umfeld derart gestaltet werden, daß ein Einsatz der Geräte sicher und effizient möglich ist.
- Durch erhöhten Kundennutzen (z. B. 24-Stunden-Service, Sauberkeit der Toiletten) kann schnell eine hohe Akzeptanz der Geräte geschaffen werden.
- Bei Hotels mit älterer Bausubstanz ist der Einsatz von Servicerobotern (z. B. als Minibar) oft einfacher durchzuführen als Umbauten für Neuinstallationen.
- Die synergetische Qualität zwischen Technikeinsatz ("High Tech") und Service- und Kostenvorteile des Kunden ("High-Touch") können, in Verbindung mit einem gelungenen Dienstleisstungsmanagement, Vorbehalte in der Kundenakzeptanz auffangen.


## 5.7 Sicherheit, Strahlen- und Katastrophenschutz

*Ausgangssituation:*
Ursprünglich wurden fast ausschließlich fernbediente Manipulatoren eingesetzt. Aufgrund steigender Komplexität des Einsatzes und erhöhten Anforderungen der Anwender wurden in den Systemen mehr benutzerunterstützende, automatische Funktionen benötigt.

Die ersten vollautonom agierenden Serviceroboter gehen auf die Raumfahrtentwicklungen der USA zurück, wo bereits Anfang der 70er Jahre die ersten autonomen Fahrzeuge zur Planetenerkundung gebaut wurden (Jet Propulsion Laboratory, Mars-Rover).

Heute werden teilautonome fernbediente Serviceroboter zu Inspektions- und Wartungszwecken vorwiegend in solchen Bereichen eingesetzt, die für den Menschen unzugänglich, gesundheitsschädigend oder lebensgefährlich sind.

**Mögliche Szenarien von Servicerobotern im Bereich Sicherheit, Strahlen- und Katastrophenschutz**

| Szenarien | Kurzbeschreibung | Nutzwert | Potential | Markteinführung | Kostenkategorie |
|---|---|---|---|---|---|
| Inspektion und Wartung / Werksschutz | Mobile Inspektion und Wartung / Überwachung technischer Anlagen und Maschinen / Gefahrenmeldung | ↑ | ↑ | 1994 | B |
| Brandbekämpfung | Autonomes oder fernbedientes mobiles Handhabungsgerät zur Brandbekämpfung | ↗ | ↗ | 1996 | C |
| Rettungsbühne | Manipulator zum Retten von Menschen aus gefährlichen Situationen | ↗ | → | 1998 | E |
| Handhabung in kontaminierter Umgebung | Automatische oder fernbediente Handhabung von Gegenständen in kontaminierter Umgebung | ↑ | → | 1998 | D |
| Minensuchen | Autonome Suche und Entschärfen von Minen mittels Bewegungsplattform | ↗ | ↘ | 2000 | D |
| Entschärfen von Bomben | Teilautomatisches Entschärfen von Bomben mit mobilem Handhabungsgerät | ↗ | ↘ | 2000 | D |

| Nutzwert | | Potential (Stückzahl) | | Kostenkategorie | |
|---|---|---|---|---|---|
| ↑ | Sehr hoch | ↑ | > 2 500 | A | < 50 TDM |
| ↗ | Hoch | ↗ | 500 - 2 500 | B | 50 - 100 TDM |
| → | Mäßig | → | 100 - 500 | C | 100 - 200 TDM |
| ↘ | Gering | ↘ | 20 - 100 | D | 200 - 400 TDM |
| ↓ | Unbedeutend | ↓ | < 20 | E | > 400 TDM |

*Innovations- und Diffusionshemmnisse*:
- Geringes Marktvolumen im Strahlen- und Katastrophenschutz.
- Extreme Anforderungen durch Umgebungseinflüsse.
- Höchste Anforderungen bezüglich Leistung, Sicherheit, Verfügbarkeit.
- In der Regel unstrukturierte Umgebungen, unvorhersehbare Anforderungen.
- Der Rationalisierungsgedanke "Kosteneinsparung" ist unerheblich.
- Abhängigkeit von Förderprogrammen bei der Entwicklung komplexer Basistechnologien.
- Abhängigkeit von politischen Diskussionen und Vorgaben.

*Nutzen einer Automatisierung / begünstigende Faktoren*:
- Schwerpunktsverschiebung hin zu großen Marktvolumen, z. B. zu den Bereichen: Bewachung, Überwachung, Inspektion und Wartung.
- Nutzung von Synergien und Technologietransfer von Spezialanwendungen für den allgemeinen Einsatz.
- Schrittweise Weiterentwicklung von fernbedienten Systemen mit automatischen Funktionen zu teilautonomen und vollautonomen Servicerobotern.
- Der Sicherheitsgedanke "Menschenleben retten und schützen" erlaubt auch den Einsatz komplexer und kostenintensiver Technologien.
- Der Einsatz redundanter Systeme erhöht Sicherheit und Verfügbarkeit.

## 5.8   Haushalt, Hobby und Freizeit

*Ausgangssituation*:
Im Bereich Haushalt, Hobby, Freizeit ist bisher nur im Teilbereich Haushalt eine geringe Anzahl von Systemen als Produkt realisiert. Das Verhältnis von Gebrauchsnutzen und Preis als wesentlicher Diffusionsfaktor erfordert umfangreiche technologische Entwicklungen, Produktions-Know-how, Marktvorbereitungs- und erschließungskosten. Eine genaue Potentialabschätzung ist hier deshalb kaum möglich.

Der Bereich, in dem Serviceroboter neben der angestammten Aufgabe auch bestaunte Attraktion sind, ist vor allem der Unterhaltungssektor. Hier kann der Einsatz von Servicerobotern beispielsweise in Vergnügungsparks angedacht werden, die als Zuschauermagnet wirken, sich dabei mit dem Passanten unterhalten können und gleichzeitig Reinigungsaufgaben, Überwachungsaufgaben oder Transportaufgaben erfüllen können.

**Mögliche Szenarien von Servicerobotern in Haushalt, Hobby und Freizeit**

| Szenarium | Kurzbeschreibung | Nutzwert | Potential | Markt-einführung | Kostenkategorie |
|---|---|---|---|---|---|
| Bodenreinigung im Heimbereich | Automatischer mobiler Bodenstaubsauger im Privat- und Heimbereich | ↗ | ↑ | 1998 | A |
| Kleinboot-Reinigung | Automatische Unterwasser-Reinigungsanlage für Sportbootrümpfe | ↗ | ↘ | 2000 | D |
| Rasenmähen | Autonomes Rasenmähen mittels mobilem Rasenmäher | → | ↑ | 1996 | A |
| Mobile Plattform für Senioren | Transport von Personen oder Gütern im Heimbereich | → | ↗ | 2002 | A |

| Szenarium | Kurzbeschreibung | Nutz-wert | Po-ten-tial | Markt-einfüh-rung | Kosten-kate-gorie |
|---|---|---|---|---|---|
| Fensterreinigung | Automatisches Reinigen von Fenstern im Heimbereich mit Handhabungsarm | → | ↗ | 2000 | A |
| Tennis/Golfbälle sammeln | Autonomes Sammeln von Bällen mittels mobiler Bewegungsplattform | ↘ | ↓ | 1996 | A |

| Nutzwert | | Potential (Stückzahl) | | Kostenkategorie | |
|---|---|---|---|---|---|
| ↑ | Sehr hoch | ↑ | > 50 000 | A | < 50 TDM |
| ↗ | Hoch | ↗ | 12 500 - 50 000 | B | 50 - 100 TDM |
| → | Mäßig | → | 2 500 - 12 500 | C | 100 - 200 TDM |
| ↘ | Gering | ↘ | 500 - 2 500 | D | 200 - 400 TDM |
| ↓ | Unbedeutend | ↓ | < 500 | E | > 400 TDM |

*Innovations- und Diffusionshemmnisse*:
- Gebrauchsnutzen muß gegeben sein.
- Einfache Benutzung auch für ungelernte Benutzer.
- Einsatz in zum Teil unstrukturierter Umgebung.
- Infrastrukturänderungen zur Erzeugung robotergerechter Umgebungen.
- Rationalisierung spielt im Haus- und Heimbereich kaum eine Rolle.
- Höchste Anforderungen an die Sicherheitstechnik.
- Low-cost Aspekte und Leichtbau.


*Nutzen einer Automatisierung / begünstigende Faktoren*:
- Low-cost Aspekte werden durch großes Marktvolumen und entsprechende Stückzahl erreicht.
- Nutzung von Synergien aus der industriellen Automatisierung, um preiswerte Komponenten zu erzielen.
- Neukonzeption und designverändernde Maßnahmen, um robotergerechten Heimbereich verträglich zu gestalten.
- Erhöhung der Flexibilität und Verfügbarkeit durch Modulbauweise.
- Mehr Freizeit durch Effizienzsteigerung im Haushalt durch den Einsatz von Servicerobotern im Haushalt.

## 5.9   Marktpotential Serviceroboter

In den folgenden Darstellungen sind die Marktpotentiale auf der Basis der beschriebenen *84 Applikationen* zusammengefaßt. Für die Potentialschätzung wird
aufgrund der vorhandenen Unsicherheiten eine obere und untere Grenze
angegeben. Diese Unschärfe ergibt sich aufgrund der für die einzelnen Bereiche in
Klassen durchgeführten Schätzungen der Stückzahlen und Stückkosten, Bild 5.1.

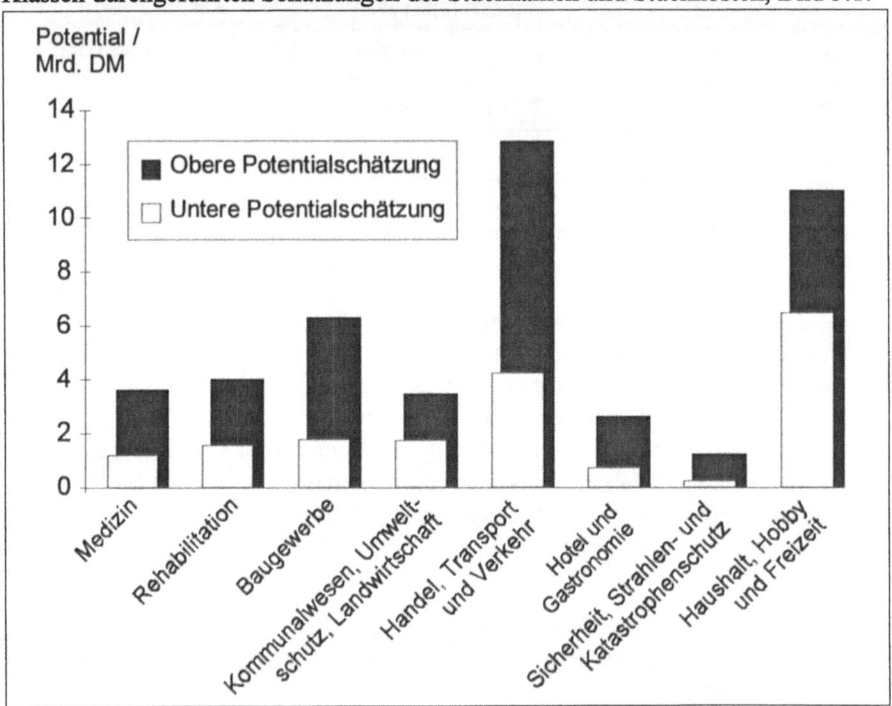


**Bild 5.1:**     Potentialschätzung für die betrachteten Bereiche bis 2010 (Integralwerte)

Für die einzelnen Bereiche wird die *untere Potentialschätzung* als Integralwert
über dem Betrachtungszeitraum bis zum Jahr 2010 dargestellt, Bild 5.2. Ab dem
Zeitpunkt der *möglichen Markteinführung* der jeweiligen Servicerobotersysteme
ist das gesamte Marktpotential als Integralwert aufgetragen.

Der Bereich mit dem höchsten Potential ist Haushalt, Hobby und Freizeit,
gefolgt von Handel, Transport und Verkehr. Diese Bereiche zeichnen sich durch
sehr hohe erreichbare Stückzahlen aus. Potentiale von 5 Mrd. DM werden durch
den automatischen Staubsauger und den automatischen Rasenmäher eröffnet. Hier
wird der Stückpreis der Geräte maßgeblich über den Markterfolg entscheiden.

Das obere und untere geschätzte *Marktpotential für Serviceroboter* ist in Bild 5.3
dargestellt. Das obere geschätzte Marktpotential bezieht sich auf die hier

beschriebenen Serviceroboterszenarien, berücksichtigt also nicht zukünftige oder nicht erfaßte Szenarien und ist daher vorsichtig angesetzt.

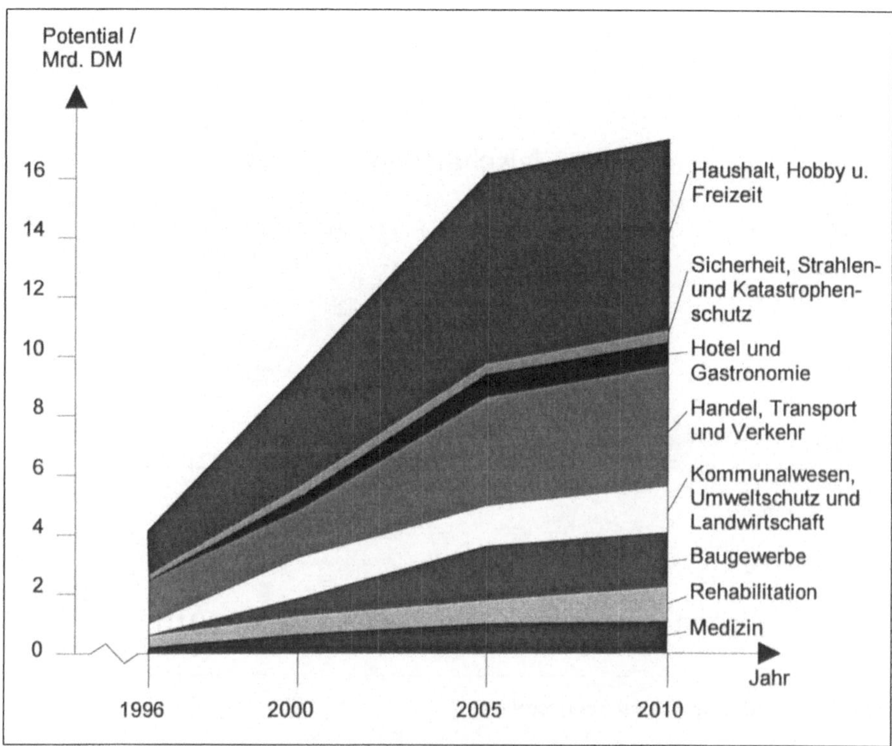


**Bild 5.2:**     Untere Potentialabschätzung im Betrachtungszeitraum

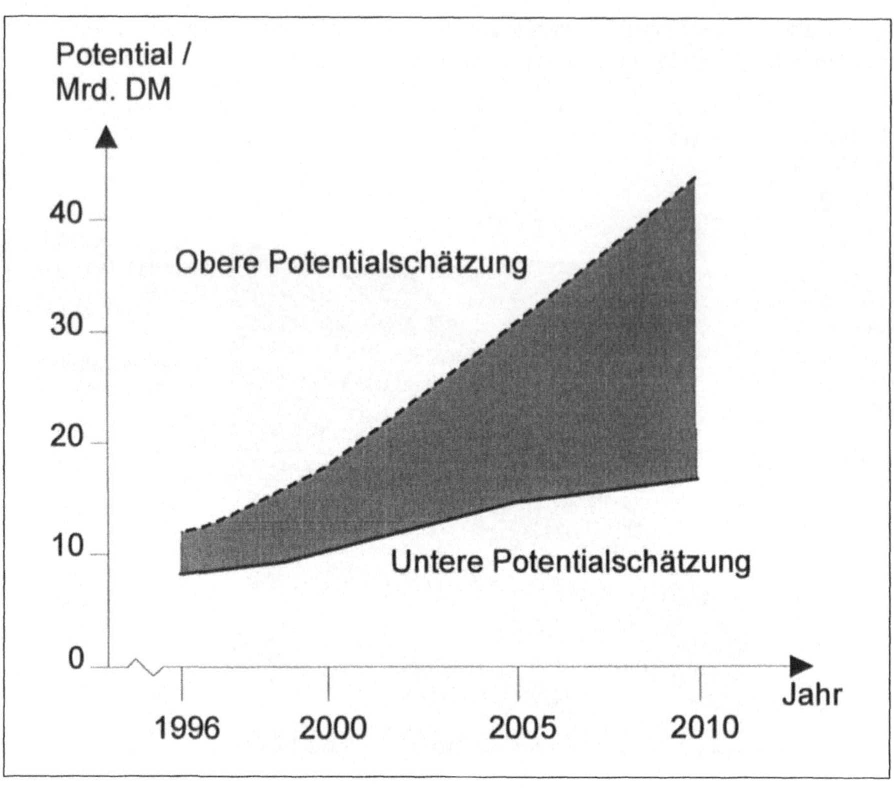


**Bild 5.3:** Marktpotential Serviceroboter

# 6  Wie geht es weiter?

Die im Kapitel "Serviceroboter im Einsatz" vorgestellten Geräte zeigen, daß weltweit von allen renomierten Instituten mit Hochdruck an dem Thema Serviceroboter mit teilweise großem Erfolg geforscht wird. Aber auch Industrieunternehmen, gerade in den USA und in Japan, sehen das gewaltige Potential des Zukunftsmarktes Serviceroboter und investieren enorme Mittel in die Serviceroboterentwicklung. Eine kurze Zusammenstellung von Expertenaussagen zum Thema Serviceroboter zeigt Bild 6.1 .

Deutsche Unternehmen und Institute haben sich durch ihre Prototypen und Geräte auf dem internationalen Markt eine Spitzenposition gesichert. Dies wurde in den vergangenen Jahren nicht zuletzt durch eine großzügige Förderung durch die Europäische Gemeinschaft in enger Zusammenarbeit mit europäischen Partnern erreicht.

Zum Erschließen des Servicerobotermarktes steht uns also das notwendige Know-how zur Verfügung. Unsicherheiten bestehen in der Industrie oft hinsichtlich der möglichen am Markt absetzbaren Stückzahlen und des damit verbundenen Investitionsrisikos. Insbesondere Dienstleister sind somit aufgefordert, ihre Wünsche und Anforderungen den Geräteherstellern aufzuzeigen. Letztendlich wird es der durch den Servicerobotereinsatz erzielbare Zugewinn an Qualität, Verfügbarkeit und Wettbewerbsfähigkeit sein, der einen Dienstleistungsanbieter von seinem Mitbewerber unterscheidet. Ein Serviceroboter kann für den Dienstleister somit ein Alleinstellungsmerkmal sein.

In der Zusammenarbeit von Geräteherstellern, Dienstleistungsanbietern und Forschungsinstituten liegt die Chance, das Querschnittsthema Serviceroboter ganzheitlich anzugehen, und so hochwertige Gerätelösungen zu entwickeln.

Darüber hinaus wird sich die Enwicklung, ähnlich wie beim Industrieroboter, von der reinen Geräteentwicklung - einer Insellösung - hin zur Peripherie- und Objektgestaltung verändern. So fallen beispielsweise bei der Unterhaltung von Großgebäuden enorme Kosten dadurch an, daß nicht schon bei der Planung auf eine reinigungs- und wartungsgerechte Gestaltung geachtet wurde. Hier wäre es im Sinne eines professionellen Gebäudemanagements sinnvoll, schon in der

Planungsphase den Dienstleister mit einzubeziehen und nach effektiven und kostengünstigen Szenarien für die Reinigung und Wartung mit Hilfe von Servicerobotern zu suchen.

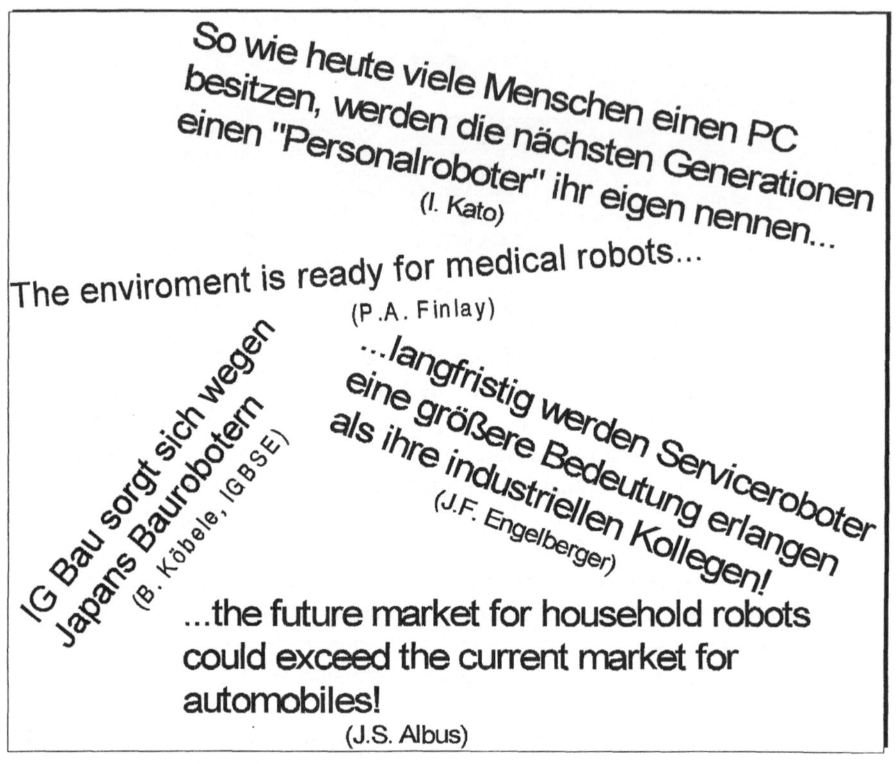


**Bild 6.1:**     Expertenmeinungen zum Thema Serviceroboter

Der Einsatz von Servicerobotern wirft auch eine ganze Reihe von rechtlichen Fragen auf. So ist zum Beispiel nicht abschließend geklärt, wer für die Genehmigung von Servicerobotereinsätzen zuständig ist. Die für den Industrierobotereinsatz geltenden Vorschriften sind auf Serviceroboter nur bedingt anwendbar. Der bei Industrierobotern übliche Schutzzaun ist für freifahrende Serviceroboter kaum vorstellbar. Es wird darauf ankommen, Serviceroboter so zu gestalten, daß hinsichtlich Betriebssicherheit und Akzeptanz alle wesentlichen Anforderungen erfüllt werden. Ähnlich wie bei der einsetzenden Motorisierung zu Beginn dieses Jahrhunderts werden sich auch für den Einsatz von Servicerobotern die notwendigen Regeln durch den Betrieb der Geräte ergeben.

Die Qualifikationsstruktur der Beschäftigten im Dienstleistungsbereich wird sich mit dem Einsatz von Servicerobotern verändern und damit einhergehend wird sich der gesellschaftliche Stellenwert von Dienstleistungtätigkeiten verbessern. Der Dienstleister von morgen wird mit modernstem technischen Gerät arbeiten und von körperlich belastenden oder gar gefährlichen Tätigkeiten weitestgehend verschont bleiben. Die Unternehmensstruktur von Dienstleistern wird sich dem von modernen Produktionsbetrieben annähern, indem ein stärkeres Bewußtsein für technische Innovationen geschaffen wird.

Die sich anbahnenden Veränderungen im Dienstleistungsbereich sind schon heute erkennbar. Mit dem Servicerobotereinsatz werden vorhandene, althergebrachte Strukturen aufgebrochen. In einer möglichst breiten, alle gesellschaftlichen Kräfte einschließenden Diskussion, müßen Chancen und Risiken diskutiert und entsprechende Regeln und Vorschriften erarbeitet werden.
Damit können Strukturen geschaffen werden, die den wirtschaftlichen Einsatz von Servicerobotern erlauben.

Wir haben heute die Möglichkeit, durch ein beherztes Aufgreifen der Themenstellung Serviceroboter neue Produkte für den Weltmarkt zu gestalten und so zur Sicherung des Produktionsstandorts Deutschland beizutragen.

# 7 Literaturhinweise


1   Gaitanides, M.:        Prozeßorganisation,
                           WiSo-Kurzlehrbücher, Verlag Franz Vahlen,
                           München, 1983

2   N.N.                   Japan Industrial Robot Association (JIRA)

3   Killmann, R.:          Combination of biomedical source localization with
                           ultrasonic images of the heart,
                           Proceedings Second European Conference on
                           Engineering and Medicine,
                           Stuttgart, 25. - 29. April 1993

4   N.N.                   Proceedings of the ICAR, Pisa, Italien, 1991

5   Miller, R.:            Assistance for the disabled and elderly people,
                           Robotic Application In Non-industrial Environments
                           Vol. 1 & 2, Robert Miller Associates, Inc. 1991

6   Schraft, R. D.:        Serviceroboter - Perspektiven der Automatisierung des
                           Dienstleistungsbereichs,
                           wt Januar 1993, Springer Verlag

7   Schraft, R. D.:        Serviceroboter - Von der Vision zur Realisierung,
                           Technica 7, 1993

8   Scholz-Reiter, B.:     CIM-Informations- und Kommunikationssysteme,
                           R. Oldenbourg Verlag, München, 1990

9   N.N.                   DIN 69900, Netzplantechnik, 1987

230  Literaturhinweise

10   Grochla, E.:              Grundlagen der organisatorischen Gestaltung,
                              Sammlung Poeschel, 1982

11   McGee, D.:               Robots In Service To Humans,
                              Robotics World, May/June 1989

12   Wellman, P.;             An Adaptive Mobility System for the Disabled,
     Krovi, V.;               Proceedings of the 1994 IEEE International
     Kumar, V.:               Conference on Robotics and Automation, San Diego,
                              May 8-13, 1994

Im folgenden sind Literaturstellen angefügt, die mehrfach im Buch verwendet
werden:

Untersuchung des Fraunhofer-Instituts für Produktionstechnik und Automatisierung (IPA), Serviceroboter - ein Beitrag zur Innovation im Dienstleistungswesen, gefördert vom Bundesministerium für Forschung und Technologie,
Förderkennzeichen: NT 2091, Stuttgart, September 1994.

IAARC, Proceedings of the 9th International Association for Automation and
Robotics in Construction, Tokyo, Japan, 1992.

ICAR, Proceedings of the 4th International Conference on Advanced Robotics,
Columbus, USA, 1989.

ICAR, Proceedings of the 5th International Conference on Advanced Robotics,
Pisa, Italien, 1991.

IEEE, Proceedings of the International Conference on Robotic and Automation,
Scottsdale, USA, 1989.

IEEE, Proceedings of the International Conference on Robotic and Automation,
Cincinnati, USA, 1990.

IEEE, Proceedings of the International Conference on Robotic and Automation,
Sacramento, USA, 1991.

IEEE, Proceedings of the International Conference on Robotic and Automation,
Nizza, Frankreich, 1992.

IEEE, Proceedings of the International Conference on Systems, Man and
Cybernetics, Le Touquet, Frankreich, 1993.

IEEE, Proceedings of the International Workshop on Intelligent Robots and Systems, Tsukuba, Japan, 1993.

IPA-Technologie-Forum, Innovative Technologien für Dienstleistungen, Stuttgart, Deutschland, 1. März 1994

IROS, Proceedings of the International Workshop on Intelligent Robots and Systems, Tsuchiura, Japan, 1990.

IRS '93, Proceedings of the International Workshop on Intelligent Robotic Systems, Zakopane, Polen, 20. - 24. Juli 1993.

ISARC, Proceedings of the 7th International Symposium Automation and Robotics in Construction, Bristol, England, 1990.

ISARC, Proceedings of the 8th International Symposium Automation and Robotics in Construction, Stuttgart, Deutschland, 1991.

ISARC, Proceedings of the 9th International Symposium Automation and Robotics in Construction, Tokyo, Japan, 1992.

ISIR, Proceedings of the 19th International Symposium on Industrial Robots, Sydney, Australien, 1988.

ISIR, Proceedings of the 20th International Symposium on Industrial Robots, Tokyo, Japan, 1988.

ISIR, Proceedings of the 21st International Symposium on Industrial Robots, Kopenhagen, Dänemark, 1990.

ISIR, Proceedings of the 22nd International Symposium on Industrial Robots, Detroit, USA, 1992.

ISIR, Proceedings of the 23rd International Symposium on Industrial Robots, Barcelona, Spanien, 1992.

ISIR, Proceedings of the 24th International Symposium on Industrial Robots, Tokyo, Japan, 1993.

ISIR, Proceedings of the 25th International Symposium on Industrial Robots, Hannover, Deutschland, 1994.

ISRC, Proceedings of the 5th International Symposium on Robotics in Construction, Tokyo, Japan, 1988.

MediMectronics '92, Proceedings of the first International Workshop on Mechatronics in Medicine and Surgery, Costa del Sol, Spanien, 26. - 28. Oktober 1992.

Proceedings of the 22th International Robots & Vision Automation Conference, Detroit, USA, 1991.

Proceedings of the International Workshop on Information Processing in Autonomus Mobile Robots, München, Deutschland, 1991.

# Springer-Verlag und Umwelt

Als internationaler wissenschaftlicher Verlag sind wir uns unserer besonderen Verpflichtung der Umwelt gegenüber bewußt und beziehen umweltorientierte Grundsätze in Unternehmensentscheidungen mit ein.

Von unseren Geschäftspartnern (Druckereien, Papierfabriken, Verpackungsherstellern usw.) verlangen wir, daß sie sowohl beim Herstellungsprozeß selbst als auch beim Einsatz der zur Verwendung kommenden Materialien ökologische Gesichtspunkte berücksichtigen.

Das für dieses Buch verwendete Papier ist aus chlorfrei bzw. chlorarm hergestelltem Zellstoff gefertigt und im pH-Wert neutral.

Druck: Mercedesdruck, Berlin
Verarbeitung: Buchbinderei Lüderitz & Bauer, Berlin